Y. Nagaraju

Utilização sustentável dos recursos hídricos subterrâneos em condições agro-climáticas secas

Y. Nagaraju

Utilização sustentável dos recursos hídricos subterrâneos em condições agro-climáticas secas

Economia da irrigação com águas subterrâneas nas culturas de figo e romã em Karnataka

ScienciaScripts

Imprint

Any brand names and product names mentioned in this book are subject to trademark, brand or patent protection and are trademarks or registered trademarks of their respective holders. The use of brand names, product names, common names, trade names, product descriptions etc. even without a particular marking in this work is in no way to be construed to mean that such names may be regarded as unrestricted in respect of trademark and brand protection legislation and could thus be used by anyone.

Cover image: www.ingimage.com

This book is a translation from the original published under ISBN 978-620-2-07164-2.

Publisher:
Sciencia Scripts
is a trademark of
Dodo Books Indian Ocean Ltd. and OmniScriptum S.R.L publishing group

120 High Road, East Finchley, London, N2 9ED, United Kingdom
Str. Armeneasca 28/1, office 1, Chisinau MD-2012, Republic of Moldova, Europe
Printed at: see last page
ISBN: 978-620-4-23550-9

RECONHECIMENTO

Devo o meu sucesso aos meus queridos pais pelo seu apoio e encorajamento persistentes, que me permitiram concluir este estudo. Estou grato a todos os agricultores e inquiridos de Hagari-Bommanahalli taluk pelas suas valiosas informações durante a recolha de dados, que me permitiram concluir com êxito o meu trabalho de investigação.

Estou grato ao *Dr. M. G. Chandrakanth,* Professor e Diretor (Economia Agrícola), pela sua orientação e sugestões construtivas, com grande tolerância, durante esta investigação, na qualidade de principal orientador desta tese. A minha sincera gratidão ao **Dr. Govindan,** Diretor de Instrução, Sericulture College, Chinthamani. Agradeço à **Dra. Mushtari Begum,** Professora, Departamento de Alimentação e Nutrição, UAS GKVK e a **G.N. Nanjunda Gowda,** Professor de Marketing e Cooperação Agrícola, UAS Bangalore, pelas suas sugestões úteis. Estou igualmente grato ao **Dr. Manjunath,** Professor Associado de Estatística, V.C Farm, Mandya, pelo seu constante encorajamento e comentários enquanto membro do comité consultivo.

Os meus agradecimentos aos meus professores **Dr. Surya Prakash, Dr. N. Chandran, Dr. M. Bharathi, Dr. Chinappa Reddy, Dr. Keshava Reddy e Dr. Umesh** pelas suas sugestões úteis.

Estou igualmente grato ao **Dr. A.V. Manjunatha, Dr. M R. Giresh, A.D. Ranganath, Chandra. Channa Keshwa** e pelo seu encorajamento.

Estou grato aos meus amigos **Sri. B. T. Srinivas, Vijesh.V.Kirshna, ,. Ravi, Siddalingappa, Somasekharappa, Y.N.Manjunath, Prakesh Kumar, Chaitra, Shalet,**

Teggi e Manjunath que me ajudaram e encorajaram.

Agradeço também ao **Sr. Vijaya Kumar,** à **Sra. Padmapriya e** à **Sra. Sujatha,** do Departamento de Economia Agrícola. Pela sua ajuda durante a minha investigação

(Nagaraju.Y)

Índice

CAPÍTULO 1

INTRODUÇÃO

A Terra tem um volume total de 1 400 milhões de quilómetros cúbicos de água, que pode submergir até 3000 metros de profundidade. Cerca de 97,3 por cento desta água é salgada e o restante 2,7 por cento é água doce, útil para beber e irrigar. Desta água doce, 75,2 por cento está congelada nas regiões polares, 2,2 por cento está disponível como água de superfície em lagos, rios, atmosfera e humidade e 22,6 por cento está disponível como água subterrânea.

1.1. História da irrigação na Índia

A irrigação mais antiga na Índia data de 2500 a.C. No sul da Índia e no Srilanka, a história da utilização da água para irrigação é tão antiga como a história dos tanques de irrigação. Em 1900, a área irrigada na Índia era de 13,2 milhões de hectares. Em 1995, a área irrigada líquida era de 80 milhões de hectares (Basavaraj, 1998). A contribuição da irrigação para o crescimento da produção agrícola na Índia é de 60%, e o aumento da procura de águas subterrâneas deve-se, *entre outros* factores, a avanços tecnológicos na tecnologia de extração, a empréstimos favoráveis para a extração de águas subterrâneas e a uma relação de preços relativa remuneradora a favor de culturas comerciais e hortícolas intensivas. Além disso, uma vez que a utilização de águas subterrâneas para irrigação implica um melhor acesso e controlo do recurso, contribuindo para a elevada procura de águas subterrâneas, existem sérias implicações em termos de equidade, uma vez que a Índia é um país de pequenos agricultores e de agricultores marginais.

A irrigação é a espinha dorsal para assegurar a produção agrícola na Índia. A produção agrícola é a chave para a paz e a prosperidade da nação. Embora a população e a procura de produção agrícola tenham aumentado rapidamente, a margem de manobra para irrigar mais terras cultiváveis é limitada devido à oferta inelástica de terras. Por conseguinte, o aumento da produtividade é uma solução pragmática.

A sustentabilidade depende de uma utilização judiciosa dos recursos terrestres e hídricos que proporcionam um sistema de suporte de vida para os seres humanos, as plantas e os animais. A irrigação é um dos principais factores de produção essenciais para aumentar a produtividade. A irrigação ajuda toda a área a desenvolver-se económica e socialmente, conduzindo a uma melhor produtividade da terra. A irrigação permite que os agricultores assumam riscos e adoptem novas tecnologias na agricultura. Devido a uma melhor comunicação e modernização, os valores, tradições e atitudes dos agricultores mudam.

A vantagem da utilização das águas subterrâneas em termos de qualidade e volume incentivou os agricultores a aumentar a área cultivada com culturas intensivas em água subterrânea. Em algumas zonas, isto está a levar a uma interferência cumulativa dos poços de irrigação, contribuindo para a sua escassez económica.

1.2 Indispensabilidade das águas subterrâneas

Com as desvantagens económicas, institucionais, agronómicas e ambientais da irrigação de superfície, as águas subterrâneas estão a emergir como um recurso indispensável para a irrigação no planalto de Deccan. O Governo da Índia está a motivar os agricultores a adotar técnicas de irrigação por gotejamento e micro irrigação no oitavo plano quinquenal (1992-97). Consequentemente, o investimento em irrigação por gotejamento está a ganhar impulso. Por exemplo, pelo menos 70.000 hectares de terras agrícolas foram tratados com irrigação por gotejamento em Maharashtra (61%), Tamil Nadu (12%), Karnataka (10%) e Andhra Pradesh (8%). Este é um indicador do reconhecimento pelo Governo da escassez de água.

1.3.Fontes de irrigação

Karnataka é o oitavo maior Estado. Tem 10,61 milhões de hectares de área geográfica, dos quais 55,7% eram cultivados em 1996-97. As principais fontes de água de irrigação no Karnataka são os canais, os poços, os tanques, os poços tubulares e os poços perfurados, sendo o canal a principal fonte de irrigação (41,4%) em 1996-97. Em 1992-93, era de 43%. A percentagem da área bruta irrigada em relação à área cultivada era de 14,3 em 1982-83, tendo aumentado para 22,6 em 1992-93 e para 23,3 em 1996-97 (DES Bangalore)

A romã *(Punica granatum* L.) é um fruto antigo, vulgarmente conhecido por "Anar", Dalim e "Matulum" e é um dos frutos de mesa preferidos dos países tropicais e subtropicais. É uma importante cultura frutícola das regiões áridas e semi-áridas da Índia, devido ao seu carácter rústico e à sua grande adaptabilidade. Para além de ser um bom fruto de mesa, tem uma boa qualidade de conservação. A romã pertence à família das Punicaceae e é originária do Próximo Oriente, perto do Irão, onde foi cultivada pela primeira vez por volta de 2000 a.C.. A partir daqui, espalhou-se pelas margens do Mediterrâneo. A romã é cultivada nos países mediterrânicos de Espanha, Marrocos, Egito, Afeganistão e Arábia. Também é cultivada na Birmânia, na China e nos EUA (Califórnia), em certa medida. Na Índia, é cultivada em Maharashtra, Uttar Pradesh, Rajasthan, Andhra Pradesh, Gujarat, Karnataka e Tamil Nadu. No Karnataka, é cultivada nos distritos de Bangalore, Mysore, Belgaum, Bellary, Bijapur, Kolar e Tumkur

A área cultivada com romã na Índia é de 38.500 ha e contribuiu com 36,7 milhões de rupias em divisas durante 1994-95. O Estado de Maharashtra é responsável por mais de 66% da área cultivada na Índia. Em Karnataka, a área cultivada com romã é de 5.823 ha, produzindo 33.773 toneladas em 1994-95. A romã é mais adequada para áreas com invernos frios e verões quentes e secos, se houver irrigação disponível. A disponibilidade de humidade durante as diferentes fases de crescimento é vital para o seu pleno potencial. A prática comum de irrigação por bacia leva ao desperdício de água e ao excesso de irrigação, aumentando assim o custo de produção. A romã é basicamente uma cultura de regiões secas. Através da irrigação por gotejamento, maiores rendimentos de melhor qualidade podem ser obtidos. Isto também levará a uma melhoria na eficiência do uso da água.

1.4. Figo

O figo é uma importante cultura de frutos da antiga civilização na região do Mediterrâneo oriental e aparece em canções e lendas da história e da mitologia. O figo comestível *(Ficus carica* L.) é uma pequena árvore de folha caduca, cultivada desde tempos imemoriais na região oriental do Mediterrâneo. Pensa-se que é originária das regiões meridionais da Península Arábica, de Itália, da Península Balcânica e da URSS. Em Karnataka, os distritos de Bijapur e Bellary, na zona seca do norte, os distritos de Bangalore e Kolar, na zona seca do sul, e os distritos de Mandya e Mysore têm solo e clima adequados para a cultura do figo. Chitradurga é o segundo maior distrito de Karnataka em área e produção de figos, a seguir a Bellary. Os agricultores do distrito de Bellary formaram a "Fig Growers Society" para comercializar o figo e outros produtos hortícolas.

O figo é cultivado em sete lakh hectares no mundo, 400 hectares na Índia, 100 hectares em

Karnataka. Na Índia, a cultura do figo está confinada a alguns locais como Poona em Maharashtra, Bellary e Hiriyur em Karnataka, Ananthapur em Andhra Pradesh e Lucknow em Uttar Pradesh.

1.5. Romã

Chegou o momento de dizer *"Kolliri Durgada Dalimbe"* em vez de *"Kolliri Madhugiri Dalimbe"*, um verso em Kannada que significa "comprar romã cultivada em Chitradurga, que é conhecida pela sua qualidade". Bellary, o distrito em estudo, fica perto do distrito de Chitradurga e emergiu como um distrito horticulturalmente desenvolvido em Karnataka, especialmente no cultivo da romã e do figo, devido à adoção de tecnologia de produção moderna e de novas variedades. A romã e o figo podem ser cultivados em diversos tipos de solo, incluindo solos inadequados para a maioria das outras culturas frutícolas e hortícolas. No entanto, os solos argilosos profundos ou aluviais são os mais ideais. Os agricultores que seguem práticas agrícolas de "alta tecnologia" desenvolvidas em Maharashtra têm sido bem sucedidos na produção de fatos de qualidade superior; em consequência, a romã é exportada para o Dubai, Malásia e outros países. A romã cultivada em Bellary também é procurada nesses países. Bellary situa-se na zona árida e é adequada para o cultivo da romã e do figo. A sua produção de frutos é estável há cerca de quinze anos, o que permite aos agricultores obterem preços remuneradores. Em fevereiro de 2002, os agricultores receberam um preço de 14 rupias e 30 rupias por kg de romã e figo, respetivamente.

1.6. Mecanismo de resposta

A produção agrícola da Índia sofre não só com a seca, mas também com a utilização não científica da água de irrigação disponível. É possível poupar água minimizando o desperdício e utilizando-a da forma mais eficiente possível. A economia na utilização da água aumentará a área irrigada através de uma gestão científica. Por conseguinte, é necessário economizar a utilização da água na agricultura

Existe a possibilidade de economizar um grande volume de água através da irrigação por gotejamento. No processo, como a economia no uso da água e sua gestão científica irá aumentar a área sob irrigação, é necessário economizar o uso de água subterrânea na agricultura. Um terço da Índia é propenso à seca. Em 1994, o Governo da Índia (GOI) formou

7

os comités do Programa de Áreas Propensas à Seca e do Programa de Desenvolvimento do Deserto. O objetivo era estudar a mudança de culturas, as implicações e as consequências. Os comités deliberaram sobre a substituição de culturas intensivas em água por culturas que necessitam comparativamente de menos água para irrigação. Isto tem implicações nas oportunidades de emprego na exploração agrícola e fora dela. A alternativa é a adoção de medidas de conservação da água nas zonas propensas à seca, o que levou a uma ampla aceitação das tecnologias do método de irrigação por gotejamento (DMI) para mais de 80 culturas, incluindo cana-de-açúcar, frutos e produtos hortícolas, fibras, frutos de casca rija, sementes oleaginosas, pomares, culturas de plantação, espécies e algodão. Sob o Oitavo Plano Quinquenal da Índia (1992-97), foi aprovado um gasto para irrigação menor, dos quais 50% foram canalizados através de instituições financeiras. O crescimento da irrigação por gotejamento está ganhando força na Índia e mais de 70.000 hectares de terra são cobertos nos estados de Maharashtra (61%), Tamil Nadu (12%), Karnataka (10%) e Andhra Pradesh (8%). sob irrigação por gotejamento.

O principal objetivo deste estudo é estudar a economia das culturas de romã e figo, onde os agricultores estão a adotar a irrigação gota a gota para lidar com a escassez de água subterrânea em Hagaribommanahalli taluk do distrito de Bellary, estado de Karnataka.

1.7 Objectivos do estudo

Neste estudo, é feita uma tentativa modesta de analisar a economia da irrigação nas culturas da romã e do figo com os seguintes objectivos específicos:

1. Identificar e analisar as estratégias de sobrevivência dos agricultores devido à escassez de água de rega

2. Para estimar a utilização de água subterrânea por acre em figueiras e romãzeiras

3. Analisar a capacidade de investimento dos agricultores em mecanismos de sobrevivência na sequência da escassez de água subterrânea

1.8. Hipóteses do estudo

1. a) O grau de escassez económica das águas subterrâneas reflecte-se no investimento em

estratégias de sobrevivência, como condutas de transporte de água, irrigação gota a gota, estrutura de armazenamento de água, mudança do padrão de cultivo para culturas de baixo consumo de água.

b) O cultivo de culturas hortícolas perenes é um mecanismo de sobrevivência na sequência da escassez de água subterrânea

2. A escassez económica de água leva à redução da utilização de água por hectare.

3. A percentagem de capital próprio é mais elevada do que a de capital alheio no investimento em mecanismos de sobrevivência.

CAPÍTULO 2

REVISÃO DA LITERATURA

Uma revisão dos estudos na área ajuda a identificar as abordagens conceptuais e metodológicas e a interpretar os resultados empíricos do presente estudo, o que permitirá ao investigador recolher dados adequados e submetê-los a um raciocínio sólido e a uma interpretação significativa. Neste capítulo, tendo em conta os objectivos do estudo, é feita uma revisão da literatura relevante na área relacionada com o presente estudo:

1. Custo do cultivo de culturas perenes.

2. Utilização de águas subterrâneas

3. Mecanismos de resposta

2.1. Custo do cultivo de culturas perenes

De acordo com Selvarajan (1989), entre 1950-51 e 1978-79, a área irrigada por canal, tanque e poços aumentou 14,5, 23,6 e 94,4 por cento, respetivamente, no estado de Tamil Nadu. Tendo em conta o potencial limitado das águas superficiais nalgumas regiões do Estado, a irrigação por poços tornou-se uma fonte importante. Observou-se também que dois terços da recarga anual já foram explorados, o que permitiu que cerca de um terço da área irrigada fosse irrigada com água subterrânea. No entanto, no interior do Estado, a exploração variava de distrito para distrito. O coeficiente de variação para a percentagem da área líquida semeada sob irrigação era de 57% em 1950-51 e diminuiu para 36% em 1978-79, indicando o desenvolvimento da irrigação no Estado.

Kulkarni (1976) analisou a irrigação por furos e a irrigação por poços escavados em Koppal taluk, distrito de Raichur em Karnataka. Verificou que o valor de mil galões de água extraídos de um poço perfurado (poço escavado) era de Rs. 0,44 (Rs. 0,43). O rácio custo-benefício atualizado para investimentos em poços perfurados (poços escavados) foi de 1,57 (1,34). O período de retorno no caso de investimentos em poços perfurados (poços escavados) foi de 2,31 anos (4,91 anos). As medidas de fluxo de caixa atualizado foram estimadas partindo do princípio de que a vida útil de um poço escavado aberto com revestimento era de 50 anos e a de um poço perfurado era de 25 anos. Assim, o investimento na irrigação de poços em todos os casos foi de natureza fixa, uma vez que a maioria dos agricultores incorreu em custos uma vez na sua vida. O custo total de um furo (poço escavado) foi de Rs.20.430 (Rs. 11.727).

Num estudo relatado por NABARD (1990), a geração de rendimento líquido de um acre de área bruta irrigada sob irrigação por poço foi maior em Rs.3306 no distrito de Chitradurga e Rs.2855 no distrito de Kolar quando comparado com o rendimento líquido da agricultura de sequeiro. Este facto é atribuído ao aumento da intensidade das culturas e à maior produtividade da área irrigada. A TIR sob irrigação por poços foi de 21,64%. A TIR foi mais elevada no distrito de Chitradurga (25,32%) do que no distrito de Kolar (15,52%).

Neelakantaiah (1991) estimou que o investimento médio total efectuado nos poços por exploração agrícola foi de Rs.56,953 em Doddaballapur taluk. O período de retorno do investimento foi de cerca de três anos, o rácio custo-benefício atualizado foi de 1,22 e a TIR foi de 31%, o que indica que o investimento na irrigação com águas subterrâneas é economicamente viável e financeiramente sólido. Esta é uma das razões importantes para a irrigação extensiva em poços de irrigação

Atre *et al* (1987) examinou a viabilidade económica do método de irrigação por gotejamento para a plantação de romã e outras culturas cultivadas na Fazenda Instrucional da Faculdade de Engenharia Agrícola de Rahuri, Maharashtra. O rácio BC a 15 por cento, 18 por cento e 20 por cento da taxa de desconto foi de 5,694, 5,010 e 4,616, respetivamente.

Nagaraj e Chandrakanth (1995) avaliaram a viabilidade económica do investimento na irrigação por furos utilizando técnicas de desconto de fluxos de caixa em diferentes zonas de águas subterrâneas. A TIR variou entre as diferentes zonas de águas subterrâneas e foi de cerca de 44%. A BCR calculada a uma taxa de desconto de 14% foi de 1,23, 1,26 e 1,28 nas zonas de águas subterrâneas escuras, cinzentas e brancas, respetivamente. O VAL é positivo em toda a zona de águas subterrâneas com Rs.72,607 na zona escura e Rs.75,707 na zona de águas subterrâneas brancas. O período de retorno do investimento foi de 2,9, 3,0 e 2,7 anos, respetivamente, nas zonas de água subterrânea escura, cinzenta e branca.

Choutinho e Sharma (1987) referiram que os poços tubulares e outros poços representavam cerca de 95% da área irrigada líquida do Uttar Pradesh. Entre 1956 e 1980, o número de poços tubulares aumentou de uns meros 5000 para quase 13 lakhs ou 260 vezes, sendo os poços privados responsáveis pela maior parte deste aumento e a área irrigada por poços tubulares aumentou de 13,11 lakh hectares para 46,95 lakh hectares, registando um aumento de 358 por cento. A proporção de poços tubulares na área irrigada líquida do Uttar Pradesh aumentou de 21 para 52% entre 1966-67 e 1980-81. A área irrigada por canais aumentou de 22,68 lakh hectares para 30-33 lakh hectares. Por último, o estudo sugere que o Uttar Pradesh tem recursos hídricos suficientes para irrigar até nove décimos da sua área semeada líquida, contra apenas 53% atualmente, sendo essencial um planeamento cuidadoso para desenvolver e utilizar estes recursos.

Babu (1989), no seu estudo sobre a avaliação económica e a eficiência da utilização de recursos em plantações de borracha, concluiu que o período de retorno do investimento era de 9,75 e 9,71 anos, respetivamente, para pequenos e grandes agricultores. A NPW, a BCR e a IRR indicaram que o investimento em pequenas explorações era economicamente mais viável e financeiramente sólido em comparação com as grandes explorações.

Jaswal *et al.* (1987), no seu estudo sobre os aspectos económicos da produção e comercialização de goiaba no distrito de Allahabad, UP, verificaram que o custo de estabelecimento durante o primeiro ano foi de 2955 rupias por hectare. Durante os anos 2nd e 3rd foi de Rs.3243 por ha. O custo médio anual de 4th a 10th anos foi de Rs.2500. O rendimento líquido por ha por ano de 4th a 10th ano foi de Rs.6080.

Nagaraj (1987) utilizou a técnica do fluxo de caixa descontado para avaliar o investimento em coco com uma taxa de desconto de 15 por cento. O NPW foi de Rs.19112.18, Rs.20663.73, Rs.30021.64 e Rs.5947.87, respetivamente, para um ha de explorações marginais, pequenas explorações grandes alimentadas pela chuva e grandes explorações irrigadas. O rácio custo-benefício (BCR) para os respectivos grupos foi de 1,17, 1,15, 1,30 e 1,22 e a TIR foi de 28,84, 24,02, 44,92 e 27,04 por cento, respetivamente, para os grupos acima referidos.

Nighot *et al.* (1987) estudaram os aspectos económicos das laranjas de Nagpur. Verificaram que o custo total por hectare e o custo anual de manutenção eram de 1667 rupias. O custo por árvore era de Rs.34. O rendimento bruto por árvore e por hectare foi de Rs.86 e Rs.28599, respetivamente.

Subramanyam (1986) estudou o custo de cultivo da lima e da laranja doce em Andhra Pradesh. Calculou o custo de estabelecimento (custos de plantação e de manutenção até à produção). O custo total de estabelecimento da lima e da laranja doce foi de 4664 rupias e 5454 rupias por hectare, respetivamente.

2.2. Utilização de águas subterrâneas

Palanisami e Easter (2000) abordaram a questão da escassez de água conjuntiva no caso do arroz. Definiu os dias de stress para o arroz como o número de dias superior a três em que a cultura do arroz não tem excesso de água, e encontrou 7,94 e 7,72 dias de stress durante anos deficitários e normais, respetivamente, no caso de tanques não sistémicos, e 2,28 e 0,08 dias de stress durante anos deficitários e normais, respetivamente, no caso de tanques sistémicos. Também opinou que cada dia de stress reduz o rendimento do arroz em um quintal por hectare.

Em resumo, as análises anteriores sobre a escassez de água revelam os seguintes indicadores de escassez de água:

    a. Diminuição da área irrigada

    b. Diminuição do lençol freático

    c. Aumento do preço de mercado da água de irrigação

    d. Diminuição do rendimento do poço

    e. Aumento do número de poços por unidade de área

    f. Diminuição da superfície irrigada por poço

    g. Aumento do custo do volume unitário de extração de água

    h. Aumento do número de poços falhados

    i. Número de dias de stress hídrico durante o período de cultivo.

Adya (1998) examinou a escassez de água subterrânea para irrigação na zona agro-climática seca do leste de Karnataka e descobriu que a exploração da água subterrânea em Mahir taluk é mais de 100% da taxa de recarga. O taluk de Malur tem o segundo maior número de poços (319) por milhão de metros cúbicos de água subterrânea em Karnataka, o que indica o elevado grau de efeitos interactivos entre poços. Com uma elevada probabilidade de falha dos poços de 35% e uma vida média baixa dos poços de seis anos, é iminente o esgotamento secular que agrava a escassez física e económica das águas subterrâneas. O declínio da prática de fertilização com lodo pelos agricultores agravou a escassez de água subterrânea, uma vez que a recarga foi seriamente afetada.

Considerando o crescimento da irrigação por poços no distrito de Coimbatore, Tamil Nadu, nos últimos trinta anos, Palanisami e Balasubramanian (1993) observaram que a área líquida irrigada por poços aumentou marginalmente. Registou-se um declínio de 50% na área líquida irrigada por cada poço, que passou de 1,56 hectares em 1960 para 0,75 hectares em 1989. A descida do nível do lençol freático resultou em migrações, mudanças de culturas e até no abandono da irrigação por poços. No distrito, cerca de 20 por cento dos poços estão totalmente abandonados. A proporção da área irrigada por poços reduziu-se de 85% em 1970 para 40% em 1993 e, correspondentemente, registou-se um aumento da proporção da área irrigada por chuvas.

Shivkumaraswamy e Chandrakanth (1997) analisaram o impacto da interferência dos poços em termos de equidade e sustentabilidade, utilizando dados recolhidos no terreno em zonas bem irrigadas de Karnataka, na Índia. O estudo conclui que os rendimentos líquidos por poço e a eficiência da utilização da água são mais baixos numa zona com elevada interferência de poços do que numa zona com baixa interferência. O preço da água (por unidade) bombeada do poço é também muito mais elevado numa zona com maior interferência. Sugere-se que as normas de distância entre poços em relação à disponibilidade de água subterrânea sejam estritamente seguidas para evitar o problema adverso da interferência de poços. Para aumentar a eficiência do uso da água sob uma situação de restrição de água subterrânea, a irrigação por gotejamento e aspersão deve ser promovida.

O estudo de Kumar e Patel (1993) no distrito de Mahsana, no norte de Gujarat, que depende de águas subterrâneas em 95%, indica que o lençol freático recuou, o que resultou em investimentos elevados para aprofundar os poços, ameaçando a sustentabilidade da agricultura. Estudos de campo realizados em cinco aldeias sobre o impacto do esgotamento das águas subterrâneas indicam que (I) as decisões de seleção de culturas se basearam nas necessidades de água das culturas, bem como no potencial de lucro e (ii) os tubos de transporte eram atractivos para os agricultores como forma de reduzir as perdas de água e o dispendioso tempo de bombagem.

Shivakumaraswamy (1995), no seu estudo sobre os aspectos económicos da escassez de água subterrânea em Chamarajanagar taluk, na zona seca do sul de Karnataka, relata que os agricultores investiram na melhoria dos poços, em estruturas de armazenamento de água subterrânea e em compressores de ar de alta capacidade, para fazer face à diminuição dos níveis de água subterrânea. Em condições graves, foi escavado um poço adicional. O custo da melhoria do poço em HWI-TIV (H WI-NTIV) foi de Rs.15,164 (Rs.7,221), o da estrutura de armazenamento sobre o solo foi de Rs.600 (Rs.750) e Rs.45,990 (Rs.43,339) foi para cavar um poço adicional.

2.3. Mecanismos de resposta

Anand (1994) conduziu um estudo sobre o desempenho da goiaba sob irrigação por gotejamento. Os resultados indicaram que a irrigação por gotejamento requer apenas 54% do total de água necessária para a irrigação por inundação e isso aumentou a eficiência do uso da água em 2,6 vezes em comparação com a irrigação por inundação. A irrigação por gotejamento gerou um VPL positivo de Rs. 5,80,007 e BCR 4.82 com uma taxa de desconto de 15%, e TIR de 142%.

Arun (1987) observou que os agricultores responderam à falha do poço perfurando poço(s) adicional(is), reduzindo a área cultivada com culturas de alta intensidade de água, mudando para culturas de baixa intensidade de água como sistemas de irrigação por gotejamento ou aspersão. A disposição marginal a pagar por um poço adicional era de Rs.48,370.

Atre *et al.* (1987), comparou o método de irrigação por gotejamento com o método de irrigação por superfície para romã em 4 ha. Na fazenda institucional, faculdade de engenharia agrícola Rahuri, onde a disponibilidade de água era uma restrição na adoção do método de irrigação por superfície. A área sob o método de superfície poderia trazer um adicional de 1,6 ha. adicionais sob irrigação. Os benefícios das áreas adicionais foram considerados como benefícios do método de gotejamento. Os custos anuais no método de superfície foram de Rs. 16300 e Rs.24775 no método de gotejamento para diferentes operações como custo de mão de obra, energia necessária, proteção de plantas, preparação do campo, fertilizantes, manutenção do sistema e reparos. Os benefícios anuais do método de irrigação por gotejamento foram de Rs. 14.120 a partir do segundo ano.

Caswell *et al.* (1990) efectuaram um estudo sobre os efeitos das políticas de preços na conservação da água e na drenagem no vale ocidental de San Joaquin, na Califórnia, salientando a importância relativa da conservação. A adoção de tecnologias de irrigação que conservam a água é frequentemente citada como a chave para lidar com a crescente pressão sobre o abastecimento de água no Oeste dos Estados Unidos. O aumento da eficiência da utilização da água pode ser simulado através do aumento dos preços da água, da adoção de tecnologias de conservação da água e da imposição de impostos sobre a poluição. O autor conclui que a consideração ambiental pode tornar-se um incentivo importante para a adoção de tecnologias de conservação da água, tais como métodos de irrigação por gotejamento e aspersão.

Cevik *et al.* (1988) testaram dois métodos de irrigação em 983 e 1984. A eficiência do uso da água foi maior com a irrigação por gotejamento e o sistema economizou 50% de água para a cultura da banana.

Chahal e Chahal (1989) examinaram a situação dos recursos hídricos no Estado do Punjab. Verificou-se que o Punjab é o Estado da Índia com maior intensidade de irrigação, cobrindo 60% das suas necessidades com águas subterrâneas através de poços tubulares. A área líquida irrigada por águas superficiais aumentou marginalmente de 31,7% em 1970-71 para 34,06% em 1985-86, enquanto a área líquida irrigada por águas subterrâneas aumentou acentuadamente de 39% para 54% durante o mesmo período.

Hiremath (1998) opinou que existe um crescimento positivo e significativo no que respeita às águas subterrâneas e às fontes dos canais e uma tendência decrescente na irrigação por tanques. Os parâmetros como a densidade dos poços escavados e dos poços perfurados, o estádio de desenvolvimento e a mudança de culturas indicaram o aumento da exploração das águas subterrâneas no Estado. O nível de declínio do lençol freático registou-se em 13 distritos e em seis distritos observou-se uma tendência ascendente. A análise funcional semi-logarítmica revelou que a precipitação, a área bruta irrigada por canais, a área irrigada por água subterrânea, o número de tanques, o número de estruturas de água subterrânea e a área florestal são os factores importantes que influenciam o nível do lençol freático. O investimento total necessário por poço perfurado foi de 42 200 rupias em Khanapur (precipitação elevada) e 55 800 rupias em Ranebennur (planície e precipitação baixa) taluk. A intensidade de cultivo nas explorações com furos foi de 271,45 por cento em Khanapur e 238,50 por cento em Ranebenur taluk.

Funt *et al* (1978) efectuaram um estudo de campo em Maryland, EUA, em que o sistema de rega gota-a-gota e a rega por aspersão foram comparados em seis culturas frutícolas. O custo total inicial do sistema de gotejamento foi de 50% do custo do sistema de aspersão. O sistema de gotejamento utilizou 54% menos desperdício e 74% menos energia do que os aspersores no fornecimento da mesma quantidade de água para as mesmas culturas.

Koujalagi (1990) estudou o padrão de investimento em pomares de romã no distrito de Bijapur. O custo de estabelecimento consistiu nos custos de material no ano inicial e nos custos de manutenção até à produção (3 anos). O investimento por hectare foi de Rs.242229 e por pomar foi de Rs.454299

Mark, (1993) relatou que o investimento total na estrutura de irrigação por gotejamento foi de Rs. 36.387 por ha. O custo lateral representou 50 por cento do investimento total na unidade de irrigação por gotejamento. Com uma taxa de desconto de 12%, o VPL do investimento foi de Rs.51821. O rácio BC, a TIR e o período de retorno foram de 2,35, 40 por cento e 2,4 anos, respetivamente. Os custos de irrigação pelo método de gotejamento foram maiores em 24,16% em relação ao método tradicional. No entanto, a economia de mão de obra na irrigação foi de 58%, na capina foi de 60% e na aplicação de fertilizantes foi de 31% quando comparado com os métodos tradicionais.

Sharma *et al.* (1993) referiram que a percentagem de área irrigada por poços tubulares em Kamal, Krukshethra, Ambala, Sonepet e Faridabad tem aumentado ao longo do tempo. Os distritos de Jind, Hisar, Sirsa e Rohtak têm águas subterrâneas de má qualidade e, por conseguinte, a percentagem de irrigação por canal aumentou de 49,05 por cento em 1975-77 para 66,26 por cento em 1985-87 no distrito de Jind, 39,08 para 54,99 por cento em Sirsa, 61,55 para 65,07 por cento em Hisar e 34,87 para 39,44 por cento no distrito de Rohtak. Além disso, a concentração de tubérculos por mil hectares de área semeada líquida foi máxima em Kurukshethra (252) e mínima no distrito de Sirsa (42). A área média comandada por poço tubular também diminuiu em todos os distritos. A área coberta por um poço tubular em 1975-77 era mais baixa em Kurukshethra (7,10 ha) e mais alta no distrito de Sirsa (45,29 ha). Em

1985-87, os valores correspondentes eram de 3,96 ha e 23,75 ha para Kurukshethra e Sirsa, respetivamente, o que indica que, nas zonas com água de boa qualidade, as águas subterrâneas eram sobreexploradas, enquanto as regiões com água de má qualidade subexploravam as águas subterrâneas.

Umesh chander (1980) observou que sob as condições agro-climáticas de Dharwad, o custo de irrigação de um hectare de uvas (variedade Gulabi) através do método de gotejamento e de bacia de retenção foi de Rs.7,754 e Rs.2,275 respetivamente. O custo da mão de obra para a irrigação através do método de gotejamento e bacia de retenção foi de Rs.600 e Rs. 1500, respetivamente. O custo total do sistema de gotejamento utilizado no experimento foi de Rs. 1926 (Rs. 18 por m^2). O custo da tubulação e das laterais foi de Rs. 1030 que representou 54% do custo total do sistema.

Wills (1971) constatou que a utilização de novas tecnologias aumentava a utilização de mão de obra em 3 a 50 por cento. Ele opinou que os conjuntos de bombagem, se utilizados isoladamente, aumentavam a utilização de mão de obra em 57,25% devido ao facto de a área adicional ser cultivada em regime intensivo devido à disponibilidade de irrigação no distrito de Badam, no Uttar Pradesh.

CAPÍTULO 3

METODOLOGIA

Este capítulo trata da amostragem e dos instrumentos de análise utilizados neste estudo:

1. Seleção e descrição da área de estudo.

2. Fonte de dados e conceção da amostragem

3. Quadro analítico

3.1 . Seleção da área de estudo

Hagaribommanahalli taluk no distrito de Bellary foi selecionado para o estudo, uma vez que a pesquisa preliminar revelou que os agricultores estão a cultivar romã e figo usando a irrigação por gotejamento, uma vez que a água subterrânea é escassa. Uma vez que a situação agro-climática era bem adequada para estas culturas, o figo e a romã estavam a ser cultivados. Além disso, verificou-se que os produtores de romã estavam a exportar com sucesso romã para Singapura, Malásia e Dubai e para outros estados como Tamil Nadu, Delhi, Maharashtra e Bengala Ocidental. Os agricultores criaram uma sociedade de comercialização denominada "Pomegranate Growers Marketing Society" em Hospet.

3.2 Descrição da área de estudo

1.1.1. Clima

O taluk de Hagaribommanahalli fica a 250 km de Bangalore. A precipitação média na zona é de cerca de 800 mm, distribuída durante a monção sudoeste. A temperatura varia entre 28°C e 35°C. A humidade é seca nos meses de inverno e o sol brilha abundantemente durante todo o ano. As condições climáticas são adequadas para o cultivo do figo e da romã. A presença de um clima seco durante o inverno é ideal para a maturação dos frutos de culturas gerais como a manga, a sapota, a romã, o figo, a papaia, a goiaba, a banana e outras culturas hortícolas.

Os solos são franco-arenosos vermelhos com um pH de 7,2 e uma capacidade de infiltração apreciável. Os solos são ricos em potássio mas pobres em fósforo.

3.3. Fonte de dados e projeto de amostragem

3.3.1. Conceção da amostragem

A lista dos produtores de romã e de figo foi recolhida junto do Departamento de Horticultura de Hagaribommanahalli. Os dados de campo foram recolhidos junto de uma amostra de 60 agricultores, incluindo 35 agricultores que cultivam romã e 25 agricultores que cultivam figo. Os dados foram recolhidos em fevereiro de 2002. Todos os agricultores do estudo adoptaram a irrigação por gotejamento nas suas explorações devido à escassez aguda de água subterrânea.

3.3.2. Dados

Os agricultores foram entrevistados pessoalmente, utilizando um programa estruturado pré-testado. Foram obtidos os dados relativos aos aspectos socioeconómicos dos agricultores, à propriedade da terra, ao padrão de cultivo, à utilização da água subterrânea em diferentes culturas, aos mecanismos de sobrevivência utilizados para ultrapassar a escassez de água subterrânea e aos pormenores relativos ao cultivo do figo e da romã. Para estimar a utilização das águas subterrâneas pelas culturas, foram recolhidos junto dos agricultores da amostra pormenores sobre o número de microtubos por planta, a descarga de cada microtubo por hora, o número de horas de irrigação da planta e o número de plantas na exploração.

3.4. Classificação dos agricultores

Os agricultores foram pós-estratificados com base no volume de água subterrânea utilizada por acre de área bruta irrigada. Uma vez que a dimensão da amostra era constituída por grandes e médios agricultores, os agricultores foram classificados de acordo com a água subterrânea utilizada por acre, de forma a que a frequência de agricultores em cada classe fosse quase comparável. No caso dos produtores de romã, verificou-se que a utilização de água subterrânea inferior a 20 acreinches por acre constituía um grupo de utilizadores de água subterrânea de baixa qualidade (LWUG). Os agricultores que utilizam águas subterrâneas entre 20 e 25 acres-polegadas por acre constituíram um grupo de utilizadores médios de águas subterrâneas (MWUG). Os agricultores que utilizam mais de 25 acre-polegadas por acre pertencem ao grupo de utilizadores de águas subterrâneas altas (HWUG). Para os produtores de figos, a utilização de água subterrânea até 22 acres-polegadas por acre forma o grupo de utilizadores de água subterrânea baixa, os agricultores que utilizam entre 22 e 26 acres-polegadas por acre constituem o grupo de utilizadores de água subterrânea média e os agricultores que utilizam mais de 26 acres-polegadas por acre pertencem ao grupo de utilizadores de água subterrânea alta.

3.5. Bem envelhecer e bem viver

Convencionalmente, o investimento na irrigação de poços é tratado como um capital fixo ou irrecuperável. Assim, o custo fixo médio é uma hipérbole retangular. No entanto, neste estudo, como os poços de irrigação sofreram uma falha inicial e uma falha prematura, os agricultores são forçados a investir frequentemente na perfuração de novos poços de irrigação. Este facto faz com que o investimento na irrigação de poços seja um custo variável e não um custo fixo. Assim, o investimento na irrigação de poços é para um período de anos que está a diminuir devido a interferências cumulativas, baixa pluviosidade e baixa recarga, pelo que o investimento em poços de irrigação, uma vez que é feito frequentemente devido a falhas nos poços de irrigação, torna-se um custo variável. O custo variável deve ser amortizado ao custo de oportunidade do capital durante a vida/idade média dos poços de irrigação. A idade dos poços refere-se aos poços que ainda estão a funcionar, enquanto a vida dos poços se refere aos poços que já não estão a funcionar. Assim, tanto a idade como a vida dos poços foram consideradas em conjunto para calcular a idade média do poço de irrigação.

Para voltar a sublinhar, o poço de irrigação refere-se ao poço que está "a funcionar" na altura da recolha dos dados de campo (fevereiro de 2002). A idade do poço foi estimada (como o ano de 2002 menos o ano de construção do poço ou de afundamento ou perfuração). Para ser explícito, a "idade" média do poço incluiu a "idade" dos poços que ainda estão a funcionar. A fórmula geral utilizada é a seguinte

$$\text{Average age of well is estimated as} = \sum_{i=0}^{n} (f_i X_i) \Big/ \sum_{i=0}^{n} (f_i)$$

Onde, f = número (frequência) de poços que produzem água subterrânea para irrigação em cada grupo etário

X = Grupo etário dos poços (0,1, 2, 3n ....em anos)

i= varia de zero a n, em que n se refere à idade mais longa do poço no grupo.

Os poços construídos durante o ano de 2002 e ainda em funcionamento na altura dos dados de campo foram considerados como tendo idade zero, uma vez que o efeito da interferência é aumentar tanto as falhas iniciais como as actuais. No entanto, foram perfurados muito poucos poços durante o ano de 2002.

3.6. Custo do poço de irrigação

O investimento em poços de irrigação é o custo histórico do poço, incluindo o custo de sondagem, perfuração e revestimento no momento da construção ou afundamento. O investimento histórico foi composto desde o ano de construção até ao ano 2002 para tornar os dados comparáveis para todos os poços em todas as explorações agrícolas, independentemente de o poço estar a funcionar ou não. Isto foi feito para estimar o investimento total feito pelos agricultores na irrigação de águas subterrâneas a preços de 2002. Uma taxa de juro de dois por cento representa a taxa de inflação no custo dos componentes do poço como mão de obra, conjunto de bombas, acessórios e foi tomada como juro composto. Além disso, taxas superiores a dois por cento não deram resultados pragmáticos relativamente ao valor composto entre o ano de construção e 2002. Custo amortizado do poço

Mais tarde, o custo composto do poço é amortizado. O custo amortizado do poço é a representação da componente do custo fixo anual da água de rega. O custo amortizado depende da idade/vida útil do poço e da taxa de juro escolhida. Em poucas palavras, a fórmula para o custo amortizado é: Custo amortizado do poço de irrigação (BW) = (Custo amortizado do BW + Custo amortizado do conjunto de bombas + Custo amortizado do transporte + Custo amortizado da estrutura subterrânea + Custo de reparação e manutenção do conjunto de bombas e acessórios).

Custo amortizado de BW =

$$\{[\text{Compounded cost of bore well} * (1+i)^{AL}*i)/[(1+i)^{AL}-1]\}$$

Onde,

AL = Vida média do poço = 9 anos, conforme indicado pelo estudo.

Custo composto do poço perfurado =

$$\text{Custo histórico do poço}*(1+i)^{(2002 - year\ of\ construção)}$$

3.7. Custo anual da irrigação

No Karnataka, anteriormente os agricultores que utilizavam conjuntos de bombas de irrigação (de capacidade inferior a 10 CV) não eram obrigados a pagar a eletricidade utilizada para elevar as águas subterrâneas de irrigação. No entanto, o Governo do Karnataka impôs uma taxa fixa de 300 Rs. por H.P. por ano desde abril de 1997. Deste modo, não existiam custos explícitos de irrigação, uma vez que não existiam custos operacionais de pagamentos relativos à utilização de eletricidade. Por conseguinte, uma vez que os agricultores não incorreram em custos variáveis para a captação de águas subterrâneas, para além das reparações e da manutenção das bombas de irrigação e do poço, teoricamente não haveria encargos para os custos de irrigação.

O custo da irrigação é relevante para os agricultores em zonas de rocha dura devido à elevada probabilidade de falha do poço, o que obriga os agricultores a investir em poços adicionais. Este investimento reflecte a externalidade negativa, que está implícita. Estas externalidades são o investimento forçado em (i) poços adicionais, uma vez que os poços construídos anteriormente não produziram água subterrânea durante o número esperado de anos, (ii) estruturas de utilização de água subterrânea (como estruturas de água subterrânea, tubos de transporte, irrigação por gotejamento, irrigação por aspersão, etc.) investidas na sequência da escassez de água subterrânea.

O custo da mão de obra para a irrigação foi integrado no custo de outras operações culturais. Assim, o custo da mão de obra envolvida na irrigação não foi considerado no custo da irrigação.

O investimento amortizado em todos os poços e em todas as estruturas de água subterrânea, tubos de transporte e acessórios é adicionado a todos os poços da exploração. Este custo total amortizado foi dividido pelo total de água subterrânea extraída por ano de todos os poços para obter o custo amortizado por acre-inch de água subterrânea. O custo amortizado da rega para cada cultura é calculado multiplicando o custo por acre-polegada de água subterrânea pelo número de acre-polegadas de água subterrânea aplicada em cada cultura. O custo total da irrigação é assim repartido pelas culturas individuais de acordo com a água subterrânea utilizada em cada cultura. Assim,

Custo por acre-polegada de água subterrânea = [Custo total amortizado da irrigação de todos os poços] dividido por (Total de acre-polegadas de água subterrânea utilizada para irrigação num ano]

3.8. Economia da cultura da romã e do figo

Foram calculados os custos e os rendimentos da cultura da romã e do figo. O custo de estabelecimento, bem como os custos de manutenção, foram calculados separadamente para os agricultores que utilizam poucas águas subterrâneas, os que utilizam médias águas subterrâneas e os que utilizam muitas águas subterrâneas.

3.9. Custos de implantação e de produção das culturas da romã e do figo

A romã e o figo, sendo culturas perenes, exigem um grande investimento para estabelecer a horta. O período de estabelecimento foi considerado como um ano. O figo começa a produzir no final do segundo ano. No entanto, este rendimento é insignificante. Os custos de estabelecimento incluem os custos de preparação da terra (lavoura, gradagem, trituração de torrões, nivelamento), vedação (local ou electrificada), camadas, transporte de camadas, abertura de covas, plantação e enchimento de covas, e estacaria (para a romã). As despesas de instalação são efectuadas durante o primeiro ano no caso da romãzeira.

Os custos de produção são os custos dos fertilizantes, dos produtos químicos fitossanitários, do estrume, da poda, da monda, da colheita, da embalagem, do transporte dos frutos, da consultoria e da irrigação.

3.10. Devoluções

Foram calculados dois tipos de rendimentos, nomeadamente os rendimentos brutos (quantidade de frutos produzidos multiplicada pelo preço realizado) e os rendimentos líquidos (rendimentos brutos menos custos totais) para cinco anos no caso das culturas da romã e do figo, uma vez que todas as explorações têm cinco anos desde o início.

3.11. Medidas de viabilidade financeira

Uma vez que os agricultores da área de estudo iniciaram o cultivo da romã e do figo nos últimos cinco anos, foram recolhidos dados de cinco anos sobre os custos e rendimentos e extrapolados para a sua vida económica. De acordo com os agricultores e os peritos na matéria, os custos e os rendimentos são uniformes do quinto ao 12th ano. A partir do 12th ano até ao 15th ano, os custos e os rendimentos começam a diminuir em 20% do rendimento do ano anterior. Os agricultores revelaram que, devido ao envelhecimento, o número de plantas por acre continua a diminuir a partir do 14th ano. Consequentemente, os custos e os rendimentos também se reduzem proporcionalmente. O Rácio Benefício-Custo (BCR), o Valor Atual Líquido (NPW) e a Taxa Interna de Retorno (IRR) foram calculados para avaliar o investimento feito nas hortas de romã e figo.

3.12. Taxa Interna de Rendimento (TIR)

A TIR é uma técnica de fluxo de caixa descontado para a avaliação de projectos a longo prazo. A TIR é a taxa de rendimento obtida pelo agricultor com o cultivo de romãzeiras e figueiras através da utilização de águas subterrâneas para irrigação. Se a TIR for de dez por cento, então o agricultor obterá um retorno líquido de dez rupias por cada 100 rupias investidas. Considerando toda a vida do projeto, esta taxa iguala os benefícios descontados com os custos descontados. Representa a capacidade média de ganho de um investimento durante a sua vida.

A TIR é estimada utilizando as seguintes equações, resolvendo em função de d.

$$= \sum (B_n - C_n) / (1+d)^n = 0$$

Onde,

B_n = Benefícios anuais ou rendimentos brutos;

C_n = Custos anuais incorridos (custo de produção incluindo o custo das águas subterrâneas)

n = duração do investimento considerada como (15 anos)
d = TIR

A taxa interna de rendibilidade é estimada através da técnica de interpolação linear, utilizando diferentes taxas de desconto, de modo a que o valor atual líquido seja igual a zero. A fórmula de interpolação utilizada neste estudo foi a seguinte

$$\text{Internal Rate of Return} = \left[\text{Lower discount rate}\right] + \left[\text{Difference between the two discount rates}\right] \times \left[\frac{\text{Present worth of the net benefits at the lower discount rate}}{\text{Absolute difference between the present worth of the net benefits at the two discount rates}}\right]$$

Pressupostos na estimativa da TIR:

1) A vida útil da horta de figueiras e romãzeiras é considerada como sendo de 15 anos.

2. o custo da preparação do terreno, da preparação da cova, da plantação e da vedação e todos os outros custos durante o primeiro ano de cultivo do figo e da romã são considerados como custos de estabelecimento.

3. todos os custos são considerados como incorridos no início do ano.

4. Todos os retornos são considerados como acumulados no final do ano.

3.13. Rácio benefício-custo atualizado (DBCR)

O DBCR é o rácio entre o valor atual das entradas de dinheiro e o valor atual das saídas de dinheiro, obtidas e incorridas durante a vida da horta de romãs e figueiras. Dá o valor atual dos benefícios acumulados por cada rupia investida no projeto, a preços actuais. O investimento só deve ser efectuado se a DBCR for superior à unidade. Uma DBCR igual à unidade indica que cada rupia de investimento no projeto rende uma rupia de retorno sem qualquer excedente. Uma DBCR superior a um indica que cada rupia de investimento feita no projeto rende mais de uma rupia.

$$DBCR = \sum [B_n / (1+d)^n] / \sum [C_n / (1+d)^n]$$

Onde,

B_n = Benefícios ou rendimentos brutos da horta de romãzeiras/figo irrigada com água subterrânea em cada ano para n anos

C_n = Custos incorridos com a horta de romãzeiras/figueiras, incluindo a irrigação com água subterrânea em cada ano

n = Vida económica do investimento em romã/figo (n=1, ... 15 anos)

d = Taxa de atualização (18 por cento)

3.14. Valor atual líquido (NPW)

O VAL do projeto é a diferença entre o valor atual dos benefícios (rendimentos brutos da horta de romã/figo) e o valor atual dos custos totais incorridos na horta de romã/figo. Para calcular o VAL, os fluxos de entrada e de saída de dinheiro foram descontados a uma taxa de desconto de 18%. O VAL é estimado da seguinte forma:

$$NPV = \sum (B_n - C_n) / (1+d)^n$$

Onde,

B_n = Benefícios ou rendimentos brutos da horta de romã/figo irrigada por água subterrânea em cada ano (n=1...15 anos)

C_n = Custo de produção mais custo da irrigação com águas subterrâneas em cada ano

n = Vida económica da horta de romãs/figo irrigada por água subterrânea (considerada como 15 anos)

d = Taxa de desconto (18 por cento considerando a taxa de juro bancária) É cobrada uma taxa de 16 por cento sobre os empréstimos superiores a dois lakhs e outros encargos acessórios de produção de vários documentos, consulta dos funcionários responsáveis e outros custos relacionados são considerados como 2 por cento, totalizando 18 por cento. Um projeto/investimento é considerado económica e financeiramente viável se o VAL for positivo

3.15. Viabilidade económica do investimento em mecanismos de sobrevivência

O uso da irrigação por gotejamento foi o principal mecanismo de sobrevivência para apoiar as culturas de romã e figo em áreas de escassez de água subterrânea de Hagaribommanahalli taluk. Além disso, a irrigação por gotejamento é tomada como o último recurso, na sequência da falha em grande escala dos poços. Isto obrigou os agricultores a perfurar poços adicionais e, assim, satisfazer as necessidades de irrigação das culturas. Por isso, o custo amortizado da irrigação inclui todos os custos implícitos dos poços de irrigação e os custos explícitos dos poços funcionais e da irrigação por gotejamento e outros mecanismos de sobrevivência.

Quadro 3.1: Informações gerais sobre o taluk de Hagaribommanahalli, distrito de Bellary

Sl. No.	Particulars	Area (in ha.)	Numbers
1.	Total geographical area	97,590 (100)	
2.	Forest land	4,482 (4.59)	

3.	Land not available for cultivation	25,127 (25.74)	
4.	Uncultivated area	37,388 (38.31)	
5.	Land available for cultivation	64,623 (66.22)	
6.	Total rain fed area	40,678 (62.94*)	
7.	Total irrigated area	23,945 (37.06 *)	
8.	a. Reservoirs	2,887	1
	b. Wells	10815	4,107
	c. Tanks	1491	12
	d. Lift irrigation	2213	18
	e. Others	6539	

Nota: Os valores entre parênteses indicam a percentagem da área geográfica total.

* Percentagem da terra disponível para cultivo

Fonte: Departamento de horticultura H.B Halli

CAPÍTULO 4

RESULTADOS

As conclusões importantes do estudo relativas aos objectivos e às hipóteses são apresentadas nas rubricas seguintes.

4.1 Caraterísticas socioeconómicas e demográficas dos inquiridos

4.2 Posição fundiária e outros activos dos produtores de figos e romãs.

4.3 Economia da irrigação

4.4 Economia das culturas do figo e da romã.

4.5 Custo de cultivo

4.1. Caraterísticas gerais da zona de estudo

As informações gerais sobre o taluk de Hagaribommanahalli são apresentadas no **(Quadro 4.1)**, a fim de facilitar a informação sobre a economia da utilização da água na cultura da romã e do figo. A área geográfica total do taluk é de 97.590 ha. Nessa área, 66,22% (64.623 ha) estão disponíveis para cultivo. A terra não disponível para cultivo corresponde a 25,74% (25 127 ha) e 38,31% (37 388 ha) são terrenos baldios não cultivados. Do total de terras disponíveis para cultivo, 62,94% (40 678 ha) são cultivadas em regime de sequeiro e as restantes (37,06%) são cultivadas com recurso à irrigação. Da área total irrigada de 23.945 ha, cerca de 10.815 ha são irrigados por poços e 2887 ha por reservatórios. A irrigação por elevação (2213 ha) e os tanques (1491 ha) constituem as outras fontes importantes de irrigação na área de estudo. O número de poços ronda os 4 107 e existem 12 tanques no taluk de Hagaribommanahalli

Quadro 4.1: Informações gerais sobre o taluk da amostra, distrito de Bellary

Sl. No.	Particulars	Area (in ha)	Numbers
1	Total geographical area	97,590 (100)	
2	Forest land	4,482 (4.59)	
3	Land not available for cultivation	25,127 (25.74)	
4	Uncultivated area	37,388 (38.31)	
5	Land available for cultivation	64,623 (66.22)	
6	Total rain fed area	40,678 (62.94*)	
7	Total irrigated area	23,945 (37.06 *)	
8	a. Reservoirs	2,887	1
	b. Wells	10815	4,107
	c. Tanks	1491	12
	d. Lift irrigation	2213	18
	e. Others	6539	

Nota: Os valores entre parênteses indicam a percentagem da área geográfica total

** Percentagem da terra disponível para cultivo*

Fonte: Departamento de horticultura HB.Halli

4.2 Pormenores do padrão de utilização do solo pelos agricultores na área de estudo

As caraterísticas dos agricultores que cultivam romã e figo em Hagaribommanahalli taluk foram estudadas após a classificação dos agricultores de acordo com o volume de água utilizado **(Quadro 4.2).** Do total de agricultores da amostra (n=60), 21 agricultores foram classificados como tendo um baixo consumo de água (14 a 20 polegadas de acre/acre), 21 como tendo um consumo médio de água (20 a 25 polegadas de acre/acre) e 18 como tendo um consumo elevado de água (>25 polegadas por acre). O número médio de pessoas envolvidas na agricultura por família é de cerca de três.

Quadro 4.2: Caraterísticas dos agricultores que cultivam romã e figo em Sample taluk, distrito de Bellary, Karnataka

Particulars	LWUG	MWUG	HWUG	Overall
Number of sample farmers	21(100)	21(100)	18(100)	60
Average age of farmers	40	35	40	38
Education				
Illiterate	12(57)	8(38)	4(22)	8
High School	3(14)	8(38)	10(55)	7
College	6(28)	5(23)	4(22)	5
Family Size	6	7	9	-
Adult male per family	2	2	3	-
Adult female per family	2	3	3	-
Children per family	2	2	3	-
Persons fully engaged in Agriculture per family	2	3	3	3

Nota: Os números entre parênteses indicam a percentagem em relação ao total

LWUG: Grupo de utilizadores de pouca água 12-25 polegadas de acre por acre

MWUG: Grupo de utilizadores médios de água 20-25 polegadas de acre por acre

HWUG: Grupo de utilizadores de água superior a 25 polegadas por acre

Do total de agricultores incluídos na amostra, 25 cultivavam figo no taluk de Hagaribommanahalli, cerca de 45% das suas terras são irrigadas por poço e os restantes 55% por regadio **(Quadro 4.3)**. A percentagem de terras irrigadas em relação ao total de terras era mais elevada no grupo de utilização média da água (54%), seguido do grupo de utilização elevada da água (50%). Cerca de 36% das terras totais (22 ha) pertencentes a agricultores do grupo de utilização reduzida da água são irrigadas.

Quadro 4.3: Padrão de utilização das terras dos agricultores que cultivam figo no taluk da amostra, distrito de Bellary

Particulars	LWUG	MWUG	HWUG	Overall
Number of sample farmers	7(28)	9(36)	9(36)	25(100)
Total land (acre)	22	13	16	51
Total well irrigated land per farm(acre)	8 (36)	7 (54)	8 (50)	23 (45.10)
Total dry land (acre)	14(64)	6 (46)	8 (50)	28(55)

Nota: Os números entre parênteses indicam a percentagem em relação ao total de

LWUG: Grupo de utilizadores de pouca água 12-25 polegadas de acre por acre

MWUG: Grupo de utilizadores médios de água 20-25 polegadas acre por acre HWUG: Grupo de utilizadores elevados de água acima de 25 polegadas acre por acre

O Quadro 4.4 mostra o padrão de utilização da terra para a romã na área de estudo. Trinta e cinco dos 60 agricultores da amostra estavam a cultivar a cultura, e cerca de 40% foram classificados como de baixo consumo de água, seguidos por um grupo de médio (34%) e alto (25,7%) consumo de água. O LWUG em terras irrigadas (52%), (MWUG 57%) e (HWUG 58%), respetivamente.

Table 4.4:   Padrão de utilização das terras dos agricultores que cultivam romã em Sample taluk, distrito de Bellary.

Particulars	LWUG	MWUG	HWUG	Overall
Number of sample farmers	14 (40)	12 (34.3)	9 (25.7)	35 (100)
Total land (acre)	15.5	13	12	40.5
Total well irrigated land per farm (acre)	8 (52)	7.5 (57)	7 (58)	22.5 (56)
Total dry land (acre)	7.5 (48)	5.5 (43)	5 (42)	18(44)

Nota: Os números entre parênteses indicam a percentagem em relação ao total de

LWUG: Grupo de utilizadores de pouca água 12-25 polegadas de acre por acre

MWUG: Grupo de utilizadores médios de água 20-25 polegadas acre por acre HWUG: Grupo de utilizadores elevados de água acima de 25 polegadas acre por acre

A área cultivada com romã e figo no taluk de Hagaribommanahalli em 2002 é a seguinte **(Quadro 4.5.)** A romã é cultivada em 270,50 acres e o figo em 189 acres. A área total irrigada de romã é de 7,5 acres, seguida da figueira, com 8 acres em L WUG, 7 acres em MWUG e 8 acres em HWUG, respetivamente.

Table 4.5: Área dos produtores de romã e figo no taluk de amostragem, distrito de Bellary

(acre)

Particulars	LWUG	MWUG	HWUG	Overall
Total area under Pomegranate on all farms	115(42)	88.5(32)	67(25)	270(100)
Total area fig on all farms	57(30)	61(32)	71(38)	189(100)
Irrigated area under pomegranate farm	8.5	7.5	7.5	7.86
Irrigated area under fig farm	8	7	8	7.5

Nota: Os números entre parênteses indicam a percentagem em relação ao total de

No **Quadro 4.6,** pode ver-se que a população de plantas por acre é mais elevada na papaia (760 plantas/acre) em comparação com a romã e o figo (300 plantas/acre). A água utilizada para estas culturas como a papaia (20,01 polegadas acre) é inferior à da romã (23,76 polegadas acre) e do figo (22,32 polegadas acre), a manga 9,22 polegadas acre de água, tal como a sapota 11,21 (polegadas acre) de água e a goiaba (16,34 polegadas acre) de água

Quadro 4.6: Espaçamento seguido e água utilizada por acre para diferentes culturas.

Crops	Spacement (feet*feet)	Plant population per acre	Water applied in inches per acre
Pomegranate	12*12	300	23.76
Fig	12*12	300	22.32
Papaya	7*8	760	20.01
Mango	20*20	115	9.22
Sapota	25*25	80	11.21
Guava	15*15	200	16.34

Fonte: Inquérito arquivado

O figo e a romã são irrigados por gotejamento. Os factores que promovem a irrigação por gotejamento (**Tabela 4.7**) são a melhor adequação da irrigação por gotejamento para o figo e romã 97%, o aumento da produtividade das culturas 92% e rentabilidade relativa 83%, a irrigação por gotejamento conserva a água 67%, finalmente, os agricultores são de opinião que 50% é usado para a escassez de água.

4.7. Fatores conhecidos pela irrigação por gotejamento em fazendas de figueiras e romãzeiras.

Particulars	No of sample farmers	Percentage
Drip is used because of water scarcity	30	50
Relative profitability due to use of drip irrigation	50	83
Drip irrigation conserve water	40	67
Drip irrigation suitable for fig and pomegranate water	58	97
Drip irrigation increase productivity	55	92

Fonte: Inquérito arquivado

Quadro 4.8Distribuição dos poços de irrigação pelos diferentes grupos de utilização da água dos agricultores que cultivam figo

Particulars	LWUG	MWUG	HWUG	Overall
Number of sample farmers	7(28)	9(36)	9(36)	25(100)
Dry land area per farm(acre)	13	6	8	8.6
Irrigated per farm(acre)	8	7	8	7.6
Gross irrigated area per farm(acre)	16	14	16	15
No of well(s) per farm	2	2	2	2
Functioning well(s) per farm	1	1	1	1
Failed wells(s) per farm	1	1	1	1

Nota: Os números entre parênteses indicam a percentagem em relação ao total de

A superfície bruta irrigada é considerada como o dobro da superfície líquida irrigada em figo/romã

Quadro 4.9Distribuição dos poços de irrigação pelos diferentes grupos de utilização da água

dos agricultores que cultivam romã

Particulars	LWUG	MWUG	HWUG	Overall
Number of sample farmers	14	12	9	35
Dry land area per farm(acre)	7.5	5.5	5	6
Irrigated per farm(acre)	8.5	7.5	7.5	8
Gross irrigated area per farm(acre)	17	15	15	16
No of well(s) per farm	2	4	4	3
Functioning well(s) per farm	1	1	1	1
Failed wells(s) per farm	1	1	1	1

Nota: Os valores entre parênteses indicam a percentagem da superfície bruta irrigada em relação à superfície líquida irrigada de romã
LWUG: Grupo de utilizadores de pouca água 12-25 polegadas de acre por acre
MWUG: Grupo de utilizadores médios de água 20-25 polegadas de acre por acre
HWUG: Grupo de utilizadores de água superior a 25 polegadas por acre

Table 4.10:   Água utilizada na cultura do figo em diferentes grupos de utilização da água no taluk de amostra do distrito de Bellary em 2002.

Particulars	LWUG	MWUG	HWUG	Overall
No of farmers cultivating fig	7(28)	9(36)	9(36)	25(100)
No of functional well (s) per farm	2	2	2	2
Total water used per farm per year (acre-inch)	141.2	153	198	165.8
Water used per acre (acre-inch)	17.34	22.57	25.10	22
Water used per plant once in two days per plant (Lit)	24	31	35	30.48

Nota: Os números entre parênteses indicam a percentagem em relação ao total de

LWUG: Grupo de utilizadores de pouca água 12-25 polegadas de acre por acre

MWUG: Grupo de utilizadores médios de água 20-25 polegadas de acre por acre

HWUG: Grupo de utilizadores de água superior a 25 polegadas por acre

Table 4.11:   Água utilizada na cultura da romã em diferentes grupos de utilização da água no taluk de amostra do distrito de Bellary

Particulars	LWUG	MWUG	HWUG	Overall
No of farmers cultivating fig	14 (40)	12 (34)	9 (25.7)	35 (100)
No of functional well (s) per farm	1	2	3	2
Total water used per farm per year (acre-inch)	179	186.39	237	197
Water used per acre (acre-inch)	20.48	24.26	28.58	24
Water used per plant once in two days per plant (Lit)	28	33	39	100

Nota: Os números entre parênteses indicam a percentagem em relação ao total de

LWUG: Grupo de utilizadores de pouca água 12-25 polegadas de acre por acre

MWUG: Grupo de utilizadores médios de água 20-25 polegadas de acre por acre

HWUG: Grupo de utilizadores de água superior a 25 polegadas por acre

4.5. Economia da irrigação

A distribuição dos poços de irrigação pelos diferentes grupos de utilização de água dos agricultores que cultivam figo é mostrada no **(Quadro 4.8)**. Vinte e cinco agricultores que cultivam figo com uma área bruta de 52 acres foram considerados para esta análise. Cerca de 23 acres de terra são irrigados com água de poço. Pode ver-se que, de dois poços por exploração, apenas um está a funcionar e o outro não está a funcionar devido a uma falha do poço.

(Quadro 4.9) Dos 35 agricultores que cultivam romã, 23,5 acres de terra foram irrigados por poços. Pode ver-se que, com quatro poços de irrigação por exploração, três estão a funcionar e um está avariado no grupo de elevado consumo de água. Cinquenta por cento do total de poços por exploração falhou nos grupos de utilização média e baixa de água.

(Quadro 4.10) O total de água utilizada por exploração agrícola foi de 198 acre-polegadas no grupo de elevado consumo de água, que inclui 9 agricultores. Os agricultores de médio e baixo uso de água usam 153 e 141 acre-polegadas de água anualmente. O uso de água por acre através da irrigação por gotejamento é de 17.34, 22.57 e 25.10 acre-inches respetivamente entre os grupos de baixo, médio e alto uso de água. A água utilizada por irrigação única - ou seja, uma vez em dois dias por planta variou entre os diferentes grupos de 24 litros (grupo de baixo uso de água) a 35 litros (grupo de alto uso de água).

Na **Tabela (4.11),** o total de água utilizada por exploração por ano foi de 237 acreinches no grupo de utilização elevada de água. Mesmo com um baixo consumo de água e um consumo médio de água, o consumo total de água por exploração foi de 179 e 186 acre polegadas por ano. O consumo de água por hectare nestes grupos foi de 20,98, 24,26 e 28,58 acre-polegadas, respetivamente, para os grupos de baixo, médio e elevado consumo de água. Em comparação com a cultura do figo, a água utilizada na romã é ligeiramente superior e a água utilizada por irrigação única (uma vez em dois dias) por planta é de 28, 33 e 39 litros nos grupos de utilização de água baixa, média e elevada.

Table 4.12: Investimento em poço(s) de irrigação pelos agricultores que cultivam figo no taluk de amostra do distrito de Bellary (Rs.)

Particulars	LWUG	MWUG	HWUG
Amortized cost including drip	161022	220124	190395
Amortized cost of irrigation on all wells	110298	160212	140186
Amortized cost of irrigation per well	6488	6162	6372

Amortized cost of irrigation per well including drip	9472	8466	8654
Cost per acre-inch of water	162.9	159.8	106.8
Net return per acre inch of water	2875	2104	2075
Net return per rupee of amortized cost of irrigation	34.7	26.5	39.2

LWUG: Grupo de utilizadores de pouca água 12-25 polegadas de acre por acre

MWUG: Grupo de utilizadores médios de água 20-25 polegadas acre por acre HWUG: Grupo de utilizadores elevados de água acima de 25 polegadas acre por acre

O padrão de investimento em poços de irrigação por agricultores que cultivam figo (tamanho da amostra = 25) é dado na **(Tabela 4.12)**. O custo amortizado da irrigação em todos os poços, incluindo gotejamento em todas as fazendas foi de Rs. 1,61,022 no grupo de baixo uso da água, Rs.2,20,124 no grupo de alto uso da água e Rs. 1,90,395 no grupo de médio uso da água. O investimento em gotejamento e transporte foi o mais alto para os agricultores do grupo de baixo uso de água (Rs. 1,10,298) e, portanto, o custo amortizado de gotejamento por poço (Rs.9,472). O custo por acre-inch foi de Rs. 106,8 no grupo de alto uso de água, e este valor foi de Rs. 121,59 entre os agricultores de baixo uso de água. O custo total amortizado da irrigação em todos os poços foi de Rs. 1.50.095 entre os agricultores do grupo de alto uso de água, cultivando romã.

O custo amortizado por fazenda em gotejamento e transporte foi maior em grupos de alto uso de água (Rs. 11.916) em comparação com outros dois grupos. Mas, enquanto o custo por acre-polegada de água na agricultura de romã foi de Rs. 100 por agricultores de alto uso de água como Rs. 121 e Rs.1 19 foi o custo associado com baixo uso de água e agricultores de uso médio de água.

O custo amortizado dos poços (incluindo o sistema de gotejamento) é de cerca de Rs.3,05,265 no grupo de baixo consumo de água, que é o mais alto entre todos os subgrupos de agricultores da amostra. Os agricultores do grupo de uso médio de água gastaram Rs.2, 66,694 e o grupo de alto uso de água gastou Rs.2,14,486. O custo amortizado dos poços de irrigação varia de Rs. 1,46,404 (grupo de alto uso de água) a Rs.2,19,259 (grupo de baixo uso de água). O custo de irrigação incluindo gotejamento por poço é quase o mesmo entre todos os grupos de uso da água e varia de Rs. 10, 257 a Rs.1 1, 916. O retorno líquido da cultura da romã é maior no grupo de alto uso da água (Rs.29,638 por acre) e é menor no grupo de médio uso da água (Rs.20,718). O rendimento líquido por acre de polegada de água é mais baixo entre os agricultores do grupo de utilização média de água (853 rupias) e é de 1049 rupias e 1058 rupias, respetivamente, para os grupos de utilização baixa e alta de água. O mesmo padrão é visível no caso do retorno líquido por rupia investida em irrigação - foi de Rs.20.34, Rs. 13.98 e Rs. 18.66 respetivamente para os grupos de baixo, médio e alto uso de água. O custo amortizado da irrigação por acre varia entre Rs. 1481 (grupo de uso médio de água) e Rs. 1588 (grupos de alto uso de água). O custo por acre-polegada de água foi de Rs.51.56, Rs.61.04 e Rs.55.56 respetivamente para os grupos de baixo, médio e alto uso de água.

Table 4.13: O padrão de investimento em poço(s) de irrigação por parte dos agricultores da amostra que cultivam romã

Particulars	LWUG	MWUG	HWUG
Amortized cost including drip	305265	266694	214486
Amortized cost of irrigation per all wells	219259	184603	146404
Amortized cost of irrigation per well	7561	7100	8134
Amortized cost of irrigation per well including drip	10526	10257	11916
Cost per care inch of water	121.7	119.2	100.5
Net return Cost per care inch of water	1049	885	1058
Net return per acre	21485	20718	29638
Net return per rupee of amortized cost of irrigation	34.7	26.5	39.2

LWUG: Grupo de utilizadores de pouca água 12-25 polegadas de acre por acre

MWUG: Grupo de utilizadores médios de água 20-25 polegadas de acre por acre

HWUG: Grupo de utilizadores de água superior a 25 polegadas por acre

O custo amortizado dos poços (incluindo o sistema de gotejamento) chega a cerca de Rs.2,20,124 no grupo de uso médio da água, que é o mais alto entre todos os subgrupos de agricultores da amostra. Em média, os agricultores do grupo de baixo uso de água gastaram Rs. 1,61,022 e o grupo de alto uso de água gastou Rs. 1,90,395.

O custo amortizado dos poços de irrigação varia de Rs. 1,10,298 (grupo de baixo uso de água) a Rs. 1,60,212 (grupo de uso médio de água). Semelhante ao cultivo da romã, o custo de irrigação incluindo gotejamento por poço é quase o mesmo entre todos os grupos de uso da água e varia de Rs.8466 (grupo de uso médio da água) a Rs.9472 (grupo de baixo uso da água). O retorno líquido da cultura da romã é maior entre o grupo de alto uso da água (Rs.51.893 por acre) e é menor entre o grupo de uso médio da água (Rs.47.504). O retorno líquido por acre-polegada de água é mais baixo entre os agricultores do grupo de elevado consumo de água (Rs.2067) e é de Rs.2104 e Rs. 2875, respetivamente, para os grupos de médio e baixo consumo de água, respetivamente. No caso do retorno líquido por rupia investida na irrigação, é de Rs.34.70, Rs.26.55 e Rs.39.25, respetivamente, para os grupos de baixo, médio e elevado consumo de água. O custo amortizado da irrigação por acre varia entre Rs. 1322 (grupo de alto uso de água) e Rs. 1789 (grupos de uso médio de água). O custo por acreinch de água foi de Rs.82.87, Rs.79.26 e Rs.52.66 respetivamente para os grupos de baixo, médio e alto uso de água.

Particulars	LWUG	MWUG	HWUG
Amortized cost including drip	161022	220124	190395
Amortized cost of irrigation per all wells	110298	160212	140186
Amortized cost of irrigation per well including drip	9472	8466	8654
Net return Cost per care inch of water	2875	2104	2075
Net return per acre	49869	47504	51893
Net return per rupee of amortized cost of irrigation	34.7	17.19	39.2
Amortized cost of irrigation per acre	1437	1747	1322
Amortized cost per acre inch of water	82.87	79.26	52.66

Table 4.14: Investimento em poços de irrigação, custo amortizado da água na exploração agrícola no taluk de amostra, distrito de Bellary (Rs.)

Particulars	Low water use group	Medium water group	High water use group
Discounted cost	25428	19383	18719
Discounted return	55110	53778	49778
B.C.(Ratio)	2.17	2.77	2.66
N.P.V	29681	31557	31058
IRR(Present)	39.39	49.19	50.95

Tabela: 4.15.Avaliação económica do investimento no jardim da figueira em diferentes grupos de utilizadores de água

Particulars	Low water use group	Medium water group	High water use group
Discounted cost	22791	24503	26528
Discounted return	25246	30270	30286
B.C.(Ratio)	1.11	1.24	1.14
N.P.V	24551	57669	37579
IRR (Present)	20.69	23.75	21.38

Tabela: 4.16.Avaliação económica do investimento em jardins de romã em diferentes grupos de utilizadores de água

4.1. Mecanismo de resposta

Uma vez que os agricultores se aperceberam dos benefícios da irrigação e se ajustaram a padrões de vida relativamente melhores, é difícil para eles ajustarem-se a um nível mais baixo onde há escassez de água. Assim, os agricultores que beneficiaram da irrigação com águas subterrâneas enfrentam a situação de escassez.

4.7.1 Tipos de mecanismos de sobrevivência adoptados pelos agricultores

Os mecanismos de sobrevivência seguidos pelos agricultores na área de estudo incluem a adoção da irrigação por gotejamento e a perfuração de um poço adicional. Os agricultores do grupo de uso médio da água tinham um poço adicional, enquanto no grupo de alto uso da água o agricultor tinha um poço adicional por causa da escassez de água na área de estudo, o cultivo de culturas perenes como goiaba, coco, sapota e outras culturas hortícolas como romã e figo é um mecanismo de enfrentamento seguido pelos agricultores do estudo para lidar com a escassez de água subterrânea para irrigação, o padrão de cultivo foi alterado no grupo inferior, 30 agricultores no grupo de uso médio da água e 25 agricultores no grupo de alto uso da água

O investimento em gotejamento e transporte de água foi de Rs.50724 por fazenda, que é o maior entre todos os subgrupos. Os agricultores do grupo de uso médio da água investiram Rs.59912 neste aspeto, enquanto os agricultores do grupo de alto uso da água gastaram Rs.50209 por fazenda. O custo amortizado de gotejamento e transporte foi o mais alto no grupo de baixo uso de água (Rs.3782) e o grupo de uso médio de água e o grupo de alto uso de água gastaram Rs.2984 e Rs.2304 respetivamente. Entre os agricultores do grupo de baixo uso de água (Rs.52.214) foi o capital próprio e foi o mais alto entre os agricultores de alto uso de água (Rs.46.111).

4.8. Investimento em irrigação por gotejamento

O investimento em irrigação por gotejamento por fazenda foi o maior entre os grupos LWU (Rs.86,006) seguido pelos grupos HWU (Rs. 82091 e grupo MWU (Rs.68,082). A percentagem de capital próprio foi mais elevada em comparação com o capital emprestado nos diferentes grupos de utilização da água. O capital próprio foi o mais elevado por exploração entre os agricultores LWU (Rs.52.214 em comparação com o capital emprestado de Rs.31.357), seguido pelo HWU (Rs.46.777). O capital próprio é muito elevado em comparação com o capital emprestado (32.111 rúpias), tal como na UTH (39.000 rúpias em comparação com o capital emprestado de 30.000 rúpias).

O rendimento líquido gerado pela agricultura depende da tecnologia adoptada e da utilização de variedades de elevado rendimento As variedades de figo e de romã utilizadas pelos agricultores da amostra são descritas em pormenor em Poona red e Bellary foram as principais variedades de figo cultivadas pelos agricultores de Hagaribommanahalli taluk Quatro variedades de romã foram cultivadas pelos agricultores e Ganesha foi a mais popular entre eles, uma vez que 28 dos 35 agricultores cultivavam genesha Araktha, Mridula e Jyothi foram as outras variedades cultivadas.

4.9. Custo da cultura do figo

4.9.1 Cultura de figueira - grupo LWU:

O custo de estabelecimento por acre foi de Rs.5526 no primeiro ano. O custo da vedação foi de Rs. 1153 no estabelecimento da exploração de figos. O custo de produção inclui estacas, fertilizantes e estrume, proteção das plantas, monda, irrigação e outras actividades. O montante gasto com estes itens varia consoante os anos. Os fertilizantes (Rs.3735) e os produtos químicos para proteção das plantas (Rs.3142) cobrem a maior parte do custo de produção no primeiro ano e Rs.3985 e Rs.3500 no quinto ano. A irrigação custa 162 rúpias por polegada de água utilizada, o que equivale a 2846 rúpias por hectare. Em todos os casos, o custo de produção foi de Rs.20404 no primeiro ano e Rs. 19196 no segundo ano, sendo Rs.20219, Rs.20963, Rs.21921 o custo de produção no terceiro, quarto e quinto anos.

A cultura do figo começa a dar frutos no terceiro ano e o rendimento bruto é de Rs.42000 no terceiro ano. À medida que o rendimento aumenta, o rendimento bruto aumenta, e atinge Rs.70000 no quinto ano. A partir do terceiro ano, o lucro começou a gerar e foi de Rs.21781, Rs.33037 e Rs.48079 em anos sucessivos, respetivamente.

4.9.2 Cultura de figos - grupo UEM:

O custo anual de estabelecimento da exploração de figos foi de Rs.6919 por acre e a vedação (Rs.2590) seguida da preparação da terra (Rs. 1850) foi a maior parte do custo de estabelecimento. O custo de produção ascendeu a Rs.24666 por acre no primeiro ano e o custo dos fertilizantes e da irrigação foram os itens de alta despesa

(4156 rúpias e 2806 rúpias, respetivamente, no primeiro ano e 4025 rúpias e 2806 rúpias no quinto ano). O montante gasto em diferentes itens não varia muito ao longo dos anos. O custo total de produção por hectare varia entre 16911 rupias (segundo ano) e 21111 rupias (quinto ano).

A partir do terceiro ano, o figo começa a dar frutos. Grupo MWG. O rendimento líquido foi de 23120 rupias no primeiro ano e de 38724 rupias no segundo ano. No terceiro ano, o rendimento bruto foi de 42 000 rupias nesse ano. No quarto e quinto anos, o rendimento bruto foi de 58 000 rupias e o rendimento líquido de 47 644 rupias, respetivamente.

4.9.3 **Cultura de figos - grupo HWU:**

O custo de estabelecimento ascendeu a Rs.5292/acre e a vedação e os materiais vegetais a Rs.2070, os principais elementos do custo anual de estabelecimento de Rs.952 por acre.

O custo de produção foi de Rs. 18084 no primeiro ano, seguido de um decréscimo escasso nos três anos seguintes (Rs. 16995, Rs. 16898 e Rs. 18071 respetivamente no segundo, terceiro e quarto anos). O custo de produção no quinto ano foi de Rs. 1903 5 por acre. O custo total no primeiro ano, incluindo o custo de estabelecimento e o custo de produção, foi de Rs. 19035.

O rendimento começa no terceiro ano e os rendimentos brutos obtidos foram Rs.29.000 Lucro gerado no terceiro, quarto e quinto ano Rs.11150, Rs.36977 e Rs.52000 por acre, respetivamente.

4.10. Custo da cultura da romã

4.10.1 **Grupo romã Grupo LWU**

O custo de estabelecimento no primeiro ano é de Rs.5334 por acre e o custo anual de estabelecimento ao longo dos anos foi de Rs.959. Este último não variou ao longo dos anos. O custo dos fertilizantes (4641 rúpias), do estrume (3275 rúpias) e dos produtos químicos fitossanitários (3142 rúpias) foram os principais factores de produção, cuja estrutura de custos não variou muito nos anos seguintes.

O custo de produção foi de Rs. 19270 no quinto ano. Diminui ligeiramente no segundo ano, para 16832 rupias, e o custo total foi de 19125 rupias no primeiro ano, incluindo os custos de estabelecimento e de produção. No caso da romã e do figo, a produção começa a partir do terceiro ano, após os dois primeiros anos de estabelecimento. Neste período, a perda foi de Rs. 19125 e Rs. 17791, respetivamente. A partir do terceiro ano, o rendimento líquido foi positivo e o lucro nesse ano foi de Rs.8623 por acre. Nos anos sucessivos, o lucro foi de Rs. 15157 e Rs.21593 por acre (no quarto ano e no quinto ano, respetivamente)

4.10.2 **Cultura da romã Grupo UEM**

O custo total de estabelecimento da romã no primeiro ano foi de Rs.5136 por acre, e a vedação e os materiais vegetais representaram a maior parte (Rs.1706 e 1376) O custo anual de estabelecimento foi de Rs.923 por acre.

O custo de produção para o primeiro ano foi de Rs. 17911 por acre e varia ligeiramente ao longo dos anos. O custo do fertilizante e o custo da estaca (Rs.4112 e Rs.2778 respetivamente) representaram a maior parte do custo de produção. O custo de irrigação à taxa de 119 rupias por 24,28 polegadas acre de água ascendeu a 2889 rupias por acre na cultura da romã.

O custo total de produção foi de Rs.21181 por acre no quinto ano, incluindo o custo de estabelecimento e de produção, sendo comparativamente mais baixo nos anos sucessivos. (Rs. 17347 no segundo ano e Rs.21181 no quinto ano). Dado que o rendimento é obtido a partir do terceiro ano, o rendimento líquido é negativo nos dois primeiros anos.

4.10.3 Grupo HWU da romã

O custo total de estabelecimento por acre na cultura da romã foi de Rs.5136 no primeiro ano. O custo anual de estabelecimento foi de 923 rupias e o custo de vedação foi de 1706 rupias por acre. O custo total de produção foi de 21758 rupias no quinto ano e aumentou gradualmente nos anos sucessivos.

No quinto ano de estabelecimento, o custo total de produção atingiu Rs.21758 por acre. O custo total (incluindo o custo de estabelecimento e de produção) foi mais elevado no primeiro ano, com Rs. 19573, devido ao custo de estabelecimento mais elevado. A adubação e a proteção das plantas, nas quais se investe uma boa parte do custo de produção, é de Rs.4112 e Rs.3071 por acre no primeiro ano.

O rendimento líquido é negativo nos dois primeiros anos (uma perda de Rs. -19721 e -20428 por acre), respetivamente.

4.11. Avaliação económica dos investimentos na figueira

Na **(tabela 4.15)**, no caso do figo, o custo total de cultivo foi descontado o custo de cultivo Rs.25428.6 em LWU, Rs. 19383 para MWU e Rs. 18719 para o grupo de agricultores HWU. Os retornos líquidos foram maiores no grupo de agricultores LWU (Rs.48079) por acre, seguido pelo grupo de agricultores MWU (Rs.47644) e, por último, pelo grupo HWU (Rs.52000) por acre. Mas o rácio custo-benefício foi mais elevado para os agricultores MWU (2,77), seguido do grupo HWU (2,66) e do grupo LWU (2,17).

O valor atual líquido e a taxa interna de retorno também seguiram um padrão semelhante. Os grupos de agricultores MWU estavam a atingir um VAL de (Rs.31558) por acre. Este valor foi de (Rs.31059) e (Rs.29682) por acre para o grupo HWU e o grupo LWU, respetivamente. A TIR foi de 39,39%, 49,19% e 50,95%, respetivamente, nos grupos de baixo, médio e alto consumo de água. A disparidade na conclusão do método da TIR e do VAL registada no caso dos agricultores dos grupos MWU e HWU deve-se a diferenças no momento da obtenção dos rendimentos.

4.12. Avaliação económica da cultura da romã

No quadro 4.16, a análise do fluxo de caixa atualizado mostra que, tal como a figueira, a romã também é uma empresa rentável para os agricultores, mas o lucro gerado é inferior ao da figueira. O custo atualizado das explorações de romã foi de Rs.22791 por acre para os agricultores LWU. Foi de Rs.24504 para os agricultores MWU e Rs.26529 para os HWU. Os retornos foram mais elevados no grupo HWU, Rs.30287 por acre, seguido pelo grupo MWU, Rs.30271. O rácio custo-benefício foi mais elevado no grupo MWU, 1,24, seguido pelo grupo HWU, 1,14, e pelos agricultores do grupo LWU, respetivamente. O valor atual líquido foi positivo, indicando mais uma vez uma situação lucrativa. O valor atual líquido foi positivo na romã para o grupo de agricultores com baixo (Rs.24551), médio (Rs.57669) e alto (Rs.37579) consumo de água. Respetivamente, a taxa interna de retorno foi a mais elevada nos agricultores da UMS (23,75), seguida da UTA (21,38) e da UTA (20,69).

CAPÍTULO 5

DISCUSSÃO

A água subterrânea tem sido considerada como um recurso gratuito tanto pelos agricultores como pelos decisores políticos. Para que a economia da irrigação com água subterrânea tenha um impacto discernível no custo do cultivo das culturas, o preço da água é crucial; o custo explícito da água subterrânea é em termos de pagamento do preço da eletricidade. Os resultados do estudo apresentado no capítulo anterior são discutidos nos seguintes pontos.

5.1 Caraterísticas gerais dos agricultores estudados

5.2 Economia da romã e do figo

5.3 Utilização das águas subterrâneas para as culturas da romã e do figo

5.4 Mecanismo de proteção da figueira e da romã

5.1. Caraterísticas gerais dos agricultores do estudo

A maioria dos produtores de romã e de figo do taluk de Hagaribommanahalli tinha um bom nível de instrução. Consequentemente, durante a recolha de dados, foi difícil encontrar estes agricultores na exploração ou em casa durante um período mais longo. A maioria dos agricultores tinha contratado gestores remunerados para cuidar da exploração agrícola por vezes durante algum tempo. Entre os agricultores do estudo, havia nove membros da família, dos quais apenas três se dedicavam inteiramente à agricultura, enquanto os restantes se dedicavam a actividades educativas, comerciais e de serviços. A experiência de campo com os agricultores do estudo revelou que muitos agricultores participaram em programas de formação sobre práticas de cultivo e gestão e também visitaram distritos vizinhos e agricultores, bem como agricultores progressistas. Cultivaram novas variedades de romã, tais como (Arakta, Bhagva e Mrudula). Os agricultores vendiam romãs a sociedades de comercialização localizadas em Maharashtra, Madras e também vendiam no mercado local de Bangalore e noutros Estados, como Tamil Nadu e Maharashtra, em Bengala Ocidental.

5.2. Investimento em poços de irrigação

O custo incorrido para a irrigação com água subterrânea foi relevante para os agricultores nas áreas de difícil acesso. Devido à alta probabilidade de falha do poço, os agricultores são forçados a mudar a cultura de baixa intensidade de água, como figo e romã, e outras técnicas como estrutura eficiente de uso de água, como estrutura de armazenamento sobre o solo, tubos de transporte e irrigação por gotejamento.

O custo de irrigação por acre foi de 162,9 Rs. por acre-polegadas para 17,47 acres-polegadas Rs.2846 no grupo de baixa utilização de água. Os utilizadores médios de água tiveram um custo de irrigação de Rs. 106,8 por acre polegadas para 23 polegadas (Rs.3675) e o grupo de agricultores com elevado consumo de água teve um custo de Rs. 106,8 por polegadas para 26 polegadas (Rs.2777). Além disso, como a romã e o figo são sensíveis à água, tanto o excesso quanto o déficit de água resultam em rachaduras nos frutos e outros efeitos adversos, resultando em perda de produtividade. Assim, a irrigação por gotejamento resulta apropriadamente nas culturas de figo e romã.

5.3. Economia das culturas da romã e do figo

A figueira leva três anos para dar frutos e, sendo uma cultura hortícola perene, requer uma gestão científica da água. Requer um grande investimento, especialmente durante o primeiro ano, para a preparação do terreno, a compra de materiais de plantação, o transporte de camadas de plantação, a abertura de covas, o enchimento e a plantação e o material de estacaria.

O custo total inclui o investimento e o custo de produção para um hectare de cultivo de figo por ano. Os custos totais aumentaram desde o primeiro ano até ao décimo quinto ano. O custo total de produção foi mais elevado no grupo de elevado consumo de água em comparação com os grupos de baixo consumo de água e de médio consumo de água. O rendimento do grupo de baixo consumo de água foi mais elevado do que o dos agricultores de médio consumo de água e de alto consumo de água.

5.3.1. Avaliação dos investimentos em figo

Para avaliar a viabilidade económica e financeira do investimento no figo, foram utilizadas as medidas de fluxo de caixa atualizado, nomeadamente o valor atual líquido (VAL), a relação custo-benefício (RCB) e a taxa interna de rentabilidade (TIR). O investimento na cultura do figo foi economicamente viável nos três grupos de agricultores. O retorno líquido por acre de figo varia de Rs.48,079 a Rs.52,000, o custo amortizado de irrigação varia de 1322 a 1437 por acre, o retorno líquido por acre-polegada de água varia de 2104 a 2875 e o retorno líquido por rupia de custo de irrigação varia de 27.19 a 39.2

5.3.2. Custo de implantação da cultura da romã

A cultura da romã teve um custo de estabelecimento inferior ao do figo devido ao baixo custo da vedação, uma vez que alguns dos agricultores utilizaram um método local de vedação. Além disso, na cultura da romã, a ocorrência de pragas e doenças é menor do que na do figo, o que permite poupar na utilização de pesticidas e fungicidas na romã

5.3.3. Custo de produção da exploração de romã

A romã começa a dar frutos a partir do terceiro ano e os custos incorridos no 1st ano incluem o custo dos fertilizantes, o custo da proteção das plantas, o estrume do quintal, o custo da poda, o custo da monda, o custo da colheita, o custo da embalagem, o custo do transporte, os honorários de consultoria e o custo da irrigação.

Os agricultores que utilizam uma quantidade média de água incorrem em custos de produção mais elevados do que os agricultores que utilizam menos água e os que utilizam mais água. Isto deve-se ao facto de possuírem uma pequena dimensão de exploração e também ao facto de o custo dos fertilizantes ser elevado e de outros custos relacionados serem também elevados.

5.3.4. Custo total e rendimento da romã

O custo total inclui os custos de investimento e de produção. O custo total da romã por hectare foi mais elevado no caso dos utilizadores médios de água do que no dos outros agricultores.

O rendimento foi mais elevado no caso do grupo com elevado consumo de água, devido a uma melhor gestão, e o rendimento bruto foi o mais elevado no grupo dos agricultores com elevado consumo de água. A maioria dos agricultores seguiu uma boa estratégia de comercialização, vendendo os seus produtos em mercados muito distantes. Em Andhra Pradesh, Maharashtra, Tamil Nadu e Bangalore, onde obtiveram melhores preços em comparação com o mercado local. O rendimento líquido obtido foi mais elevado no caso dos agricultores que utilizaram muita água durante o terceiro, quarto e quinto anos, respetivamente, com um rendimento de 27 242 rupias ao longo dos anos. Embora o rendimento esteja a aumentar ao longo do ano, não há um aumento proporcional nos rendimentos líquidos. Além disso, como os preços da cultura do figo são rígidos, uma vez que não existem instalações de transformação para secar e conservar o figo, os agricultores são obrigados a vender os frutos no prazo de 24 horas após a colheita aos preços em vigor.

5.3.5. Comparação da economia da irrigação entre a romã e a

cultura do figo

O custo por acre de polegada de água é mais elevado na figueira, além disso, o custo de irrigação por acre também é mais elevado na figueira. O consumo de água por acre não varia de forma percetível entre as duas culturas, variando entre 17,34 acres de polegada e 28,58 acres de polegada por acre. O rendimento líquido por hectare na figueira é superior ao da romã em, pelo menos, 175% por cada rupia do rendimento líquido da romã por utilizadores de pouca água, o grupo de baixa utilização de água na figueira obteve 2,32 rupias, o grupo de média utilização de água 2,29 e o grupo de alta utilização de água obteve 1,75 rupias, pelo que o grupo de baixa utilização de água na figueira obteve maiores benefícios. O retorno líquido por rupia do custo de irrigação também é maior para a figueira, em comparação com a romã. O retorno líquido por polegada de água por acre também é maior na figueira em comparação com a romã, por exemplo, o grupo de uso médio de água na figueira obteve Rs.2.47 como retorno líquido por polegada de água por acre para cada uma rupia de retorno líquido por polegada de água no grupo de uso médio de água. Embora o custo de amortização da irrigação seja mais elevado na figueira, os retornos líquidos por acre na figueira são mais elevados em comparação com a romã devido ao preço atrativo.

O manuseamento delicado do figo e a sua comercialização, que deve ser efectuada nas 24 horas seguintes à colheita. Tendo em conta a procura relativa de romã em comparação com o figo, é de notar que a romã é uma cultura resistente em comparação com o figo, tal como indicado pelos agricultores.

Além disso, a romã pode ser exportada, uma vez que o revestimento duro do fruto resiste ao stress e às tensões inerentes ao manuseamento. No entanto, os produtores de figo não precisam de desanimar, uma vez que existe um mercado interno vibrante para a cultura do figo em Hospet, que fica a cerca de uma hora de distância da área de estudo.

5.3.6. **Avaliação do investimento numa exploração de romã**

As medidas de fluxo de caixa atualizado, nomeadamente o valor atual líquido (VAL), o rácio benefícios-custos (RBC) e a taxa interna de rendibilidade (TIR), foram utilizadas para avaliar a viabilidade económica e financeira do investimento na exploração de romã. Foram obtidos resultados semelhantes no cultivo de noz de areca nos taluks de Thirthahalli e Channagiri, onde, a uma taxa de desconto de 17%, o VAL foi de 62327 rupias e 77512 rupias. O rácio custo-benefício foi de 1,41 e 1,36 e a TIR foi de 21,32 e 26,22 por cento, respetivamente.

O investimento na cultura da romã foi considerado economicamente viável nos três grupos de utilização da água. A cultura da romã é económica no estudo, pelo que a hipótese foi aceite.

5.3.7. **Utilização de águas subterrâneas**

a) Escassez física e económica

O Hagaribommanahalli taluk está localizado na zona seca do norte de Karnataka. A impressão de campo e os resultados indicaram que, Hagaribommanahalli sofreu escassez física e económica de águas subterrâneas até Os agricultores foram forçados a adotar a irrigação gota a gota como um modo popular de mecanismos de sobrevivência para a irrigação, onde a figueira e a romã e outras culturas hortícolas dominavam. Assim, Hagaribommanahalli taluk foi escolhido para estudar o uso da água subterrânea para as culturas de figo e romã.

Em termos económicos, a escassez é definida como a indisponibilidade da quantidade necessária de recursos no momento certo. Os produtores de figo e de romã aplicaram alguns conceitos para estudar a utilização das águas subterrâneas. Os resultados indicam que o grupo de agricultores que consome muita água está a enfrentar uma maior escassez física de água subterrânea na produção de figo.

O uso de água subterrânea no grupo de alto uso de água foi de 28,58 polegadas por acre em comparação com o grupo de agricultores de baixo uso de água (20,48 polegadas de acre), grupo de agricultores de médio uso de água (24,26 polegadas de acre) que pousou na cultura do figo. A água subterrânea extraída pelos agricultores do grupo de alto uso de água por acre foi de 26 polegadas de acre, grupo de uso médio de água, 23 polegadas de acre, enquanto que com o grupo de agricultores de baixo uso de água foi de 17,47 polegadas de acre de água.

b) Escassez física exacerbada devido a falhas nos poços de perfuração

A escassez física de água subterrânea, que era um fenómeno quase generalizado nas zonas de rocha dura, foi exacerbada nas bolsas onde o número de poços com falhas por exploração era maior. A escassez física de água subterrânea levou a um aumento do custo unitário da extração de água subterrânea, o que levou ainda a um aumento das rendas da água subterrânea. Esta escassez económica, os custos das externalidades negativas e outros custos de transação reduzem os lucros económicos da irrigação com águas subterrâneas quando tanto os pequenos como os grandes grupos de agricultores enfrentam o mesmo nível de escassez económica de água subterrânea. Os agricultores pobres em recursos enfrentarão maiores problemas económicos devido à inacessibilidade às águas subterrâneas. O tempo de vida da irrigação por poços foi encurtado devido à escassez de água subterrânea. O investimento na irrigação com água subterrânea foi, portanto, considerado como um custo viável, influenciando a tomada de decisões, considerando estes investimentos em poços como custos fixos. Os agricultores sobrestimam os lucros económicos e fazem investimentos adicionais para obter lucros económicos atractivos, sem se aperceberem de que se trata de lucros ilusórios

Em Hagaribommanahalli, a extração de água subterrânea através de poços começou no final dos anos setenta, depois de os esforços para explorar os recursos dos poços secos existentes através do aprofundamento não terem dado resultados. Aqui, alguns agricultores consideravam a posse de pomares de figueiras e romãzeiras como um prestígio. Assim, todo o investimento feito pelos agricultores para sustentar a romã e a figueira através do investimento frequente em água subterrânea e na estrutura (sistema) de irrigação associada pode ser convenientemente considerado como um esforço do agricultor para ser resiliente e económico.

5.4. Mecanismo de resposta à escassez de água subterrânea

5.4.1. Padrão de cultivo

Considerando os agricultores do estudo, a área foi dedicada a culturas hortícolas devido à escassez de água subterrânea e à adequação da cultura. Em particular, a área de estudo indica que os agricultores estão a lidar com a escassez de água subterrânea, continuando a manter culturas perenes como a romã, o figo e outras culturas hortícolas, em comparação com as culturas sazonais intensivas em água. Em geral, consomem menos água e este tipo de mecanismos de sobrevivência também existe na zona de transição sul. Os agricultores dedicaram cerca de 80% e 60% das áreas brutas irrigadas à noz-da-índia em aldeias com elevada interferência de poços (HWI) e baixa interferência de poços (LWI), respetivamente. Assim, foi aceite a terceira hipótese formulada para este estudo, ou seja, a escassez de água subterrânea leva ao cultivo de culturas hortícolas como um dos mecanismos de sobrevivência.

5.4.2. Mecanismos de resposta para além da alteração do padrão de cultivo

O mecanismo de sobrevivência envolvido é o uso de irrigação por gotejamento, tubos de PVC, e mudança de padrão de cultivo, que são mais económicos em comparação com outras culturas. Para além desta irrigação por gotejamento, também ajudou os agricultores a fornecer o volume necessário de água para as plantas, uma vez que o défice de água para as culturas de romã e figo resulta em rachaduras de frutas e, finalmente, resultando em deterioração da qualidade, obtendo um preço mais baixo no mercado.

CAPÍTULO 6

RESUMO

A Índia é abençoada com condições agro-climáticas variadas para o cultivo de diferentes culturas de frutas. Karnataka é um dos estados onde as culturas hortícolas são cultivadas extensivamente, especialmente sob irrigação por gotejamento Hagaribommahalli taluk do distrito de Bellary; O estado de Karnataka não é uma exceção a isto, onde a romã e o figo são amplamente cultivados. A tomada de decisões dos agricultores devido à escassez de água subterrânea é influenciada pela disponibilidade de água subterrânea e pelas forças do mercado, o que se reflecte no preço relativo da água subterrânea em relação aos preços de produção. Os agricultores investem em mecanismos de sobrevivência para atingirem o seu limiar MR=MC, mas com a crescente escassez de água subterrânea a diferença entre MC e MR continua a aumentar. Este estudo estima a economia da cultura do figo e da romã cultivados com irrigação por gotejamento

6.1. Objetivo do estudo

1. Identificar e analisar as estratégias de sobrevivência adoptadas pelos agricultores devido à escassez de água para irrigação.

2. Para estimar a utilização de água subterrânea por acre em figueiras e romãzeiras

3. Analisar a capacidade de investimento dos agricultores em mecanismos de sobrevivência na sequência da escassez de água subterrânea

6.2. Hipótese

1. a) O grau de escassez económica das águas subterrâneas reflecte-se no investimento em estratégias de sobrevivência, como condutas de transporte de água, gotejamento

Irrigação, estrutura de armazenamento de água, mudança do padrão de cultivo para culturas de baixo consumo de água.

b) O cultivo de culturas hortícolas perenes é um mecanismo de sobrevivência na sequência da escassez de água subterrânea

2. A escassez económica de água leva à redução da utilização de água por hectare

3. A percentagem de capital próprio é mais elevada do que a de capital alheio no investimento em mecanismos de resposta

6.3. Área de estudo e descrição

O taluk de Hagaribommanahalli fica a 250 km de Bangalore. A precipitação média nesta área é de cerca de 800 mm, distribuída durante a monção sudoeste, e a temperatura varia entre 28°C e 35°C. A humidade é seca nos meses de inverno e há muito sol durante todo o ano. Estas condições climáticas são adequadas para a cultura do figo e da romã

O distrito de Bellary é identificado como o distrito ideal para o desenvolvimento de culturas frutícolas. As condições climáticas e edáficas favoráveis e o clima prevalecente durante o inverno são ideais para a maturação da manga, sapota, romã, figo, papaia, goiaba, banana e outras culturas hortícolas, pelo que é comum a mudança para a fruticultura, a fim de obter rendimentos sustentáveis.

6.4. Base de dados

Foram recolhidos dados primários de 60 agricultores, dos quais 35 eram produtores de romã e 25 eram produtores de figo. Os dados foram recolhidos através do método de entrevista pessoal, utilizando um calendário pré-testado. Para efeitos de comparação, os produtores de romã e de figo foram pós-estratificados em produtores que utilizam pouca, média e muita água.

6.5. Método de análise

A economia das culturas da romã e do figo, por hectare, foi calculada através de uma análise tabular, tendo sido utilizadas técnicas de fluxo de caixa atualizado para a avaliação da cultura.

6.6. Principais conclusões do estudo

1. A variedade Ganesha era a variedade de romã mais cultivada. Nos últimos anos, os agricultores estão a cultivar apenas as variedades Bhagva, Mrudula e Araktha.

No caso do figo, a variedade Poona red era a mais cultivada na área de estudo.

2. A cultura do figo proporcionou um rendimento líquido mais elevado por hectare (Rs. 36786 por hectare por ano) em comparação com a cultura da romã (Rs. 15180 por hectare por ano).

3. A maioria dos agricultores de romã e figo adoptaram a irrigação gota a gota principalmente para lidar com a escassez aguda de água subterrânea.

4. A cultura da romã e do figo actua como um dos mecanismos de sobrevivência para ultrapassar a escassez de água. A proporção da utilização de água em relação à proporção da área cultivada com estas duas culturas foi menor do que com outras culturas da exploração.

5. Os mecanismos de resposta mais utilizados são a perfuração de poços adicionais, a utilização de irrigação gota a gota, a mudança do padrão de cultivo de vegetais para culturas hortícolas perenes e o transporte de água através de tubos de policloreto de vinilo (PVC) para fazer face à escassez aguda de água subterrânea.

6.7. Implicações políticas

1. Como a romã e o figo são económicos, consomem menos água e obtêm um prémio elevado, podem ser promovidos na zona seca com irrigação subterrânea e sistema de gotejamento.

2. O custo do sistema de gotejamento é proibitivo. O subsídio do sistema de gotejamento foi reduzido para cerca de 50 por cento no ano passado. Isto pode ser aumentado para 90 por cento

3. Desde que a irrigação por gotejamento tem ajudado os agricultores a lidar com a escassez física na área de estudo. Os agricultores precisam ser motivados a adotar a irrigação por gotejamento.

4. Há uma necessidade urgente de tecnologia para secar os frutos de figo, uma vez que não podem ser armazenados durante mais de um dia após a colheita. Atualmente, os agricultores estão a enfrentar graves problemas de

comercialização nos últimos anos, uma vez que são forçados a vender os frutos no dia da colheita ao preço existente.

59

CAPÍTULO 7
REFERÊNCIAS

Anand, P., 1994, Performance of guava under drip irrigation, M.Sc. thesis (Unpublished), University of Agricultural Sciences, Bangalore.

Arun, V., 1994, Estimation and internalization of externalities in ground water irrigation in hard rock areas of Karnataka, M.Sc. thesis (Unpublished), University of Agricultural Sciences, Bangalore.

Atre, A.A., Surywanshi, S.N., Pampattiwar, P.S. e Gorantiwar, S.D., 1987, Economic feasibility of drip irrigation method in orchard: Um estudo de caso hipotético, Seminário Nacional sobre Métodos de Irrigação por Gotejamento e Aspersão. 10 e 11 de abril, 1987, MP AU, Rahuri, Índia, Boletim de Extensão.

Babu, K.R.1989, An Economic evaluation of investment and resource use efficiency in Rubber plantation in Dakshina Kannada district, Karnataka (Não publicado). Tese de Mestrado, Universidade de Ciências Agrícolas, Bangalore.

Caswell, Margriet, Erik, Lichtles, e Zilberman, D., 1990, The effect of pricing policies on water conservation and Drainage American Journal of Agricultural Economics, 72 (4).

Chai, T.S. e Chai, J.S., 1989, Management of irrigation water through crop diversification in Punjab. *Indian Journal of Agricultural Economics,* **44** (3): 189-198.

Choutinho, O. e Sharma, T.C., 1987, Progress of irrigation in Uttar Pradesh Plains: Contratos inter-regionais, *Agricultural Situation in India,* 41 (11): 887-893.

Dhawan, B.D., 1979, Trends in tube well irrigation 1951-197 (Tendências na irrigação de poços tubulares 1951-197). *Economic and Political Weekly,* **14** (51/52): 4143-4154.

Dhawan, B.D., 1982, Development of tube well irrigation, Agricole Publishing Academy, New Delhi, India.

Funt, R.C., Ross, D.S., e Brodie, H.L., 1978, Economic comparison of Trickle and Sprinkler irrigation on six fruit crops in *Maryland. Publicação diversa Maryland Agricultural experimental statio* 950 (16).

Hiremath, G.M., 1998, Groundwater use in Karnataka -An Economic Analysis, tese de doutoramento (não publicada), Universidade de Ciências Agrícolas, Dharwad.

Janakarajan, S., 1993, Economic and social implications of ground water irrigation. Some evidence from south India. *Indian Journal of Agricultural Economics,* 48(1): 65-75.

Jaswal,M,M., Singh,D,S., Singh, G.N. and Trivedi,R.N.,1987, Economics if production and marketing of guava in Allahabad district, Uttar Pradesh . *Indian Journal of Agricultural Economics,42* (3): 470.

Koujalagi, C. B., 1990, An Economic analysis of production and marketing of pomegranate in Bijapur district, Karnataka (Unpublished), M.Sc. thesis, University of Agricultural Economics', Dharwad.

Kulkarni, Suresh, 1976, Economics of ground water irrigation in Koppal taluk, Raichur district, M.Sc. thesis (Unpublished), University of Agricultural Sciences, Bangalore.

Mark, W.R.G. e Mark, S., 1993, Asian food production in the 1990's irrigation investment and management policy, International Food Policy Research, Institution, Washington.

NABARD, 1990, Borewell financing in Chitradurga and Kolar district - Karnataka Evaluation Study Series, NABARD, Bombay.

Nagaraj, N. e Chandrakanth, M.G., 1995, Low yielding irrigation wells in peninsular India-an economic analysis. *Indian Journal of Agricultural Economics,* **50** (1): 47-58.

Nagaraj, R., 1987, An evaluation of investments in coconut gardens in Tiptur taluk of Tumakuru district, Karnataka, M.Sc. thesis (Unpublished), University of Agricultural Sciences, Bangalore.

Neelakantaiah, S., 1991, A study of investments in ground water irrigation and resource use efficiency in Doddaballapur taluk of Bangalore rural district. Tese de mestrado (não publicada), Universidade de Ciências Agrícolas, Bangalore.

Nighot, M.N., Alshi, M.R. e Joshi, C.K., 1987, Economics of production of Nagpur oranges, *Indian Journal of Agricultural Economics,* **42** (3): 468.

Palanisami, K. e Balasubramanian, 1993, Over-exploitation of groundwater resources experience from Tamil Nadu. Documento apresentado no workshop sobre gestão da água. India's Groundwater challenge, organizado em VIKS AT 14-16 de dezembro, Ahmedabad, Índia.

Palanisami, K. e Ester, K.W., 2000, Economics of tank irrigation, tank irrigation in 21st Century, what next? Discovery Publication House, 107-128.

Rao, D.S.K., 1993, Ground water over exploitation through bore well technology. *Economic and Political Weekly,* **28** (3): 30-43.

Satisha, K.M., 1997, Resource economics study of valuation of well interference externalities in central dry zone of Karnataka. Tese de mestrado (não publicada), Universidade de Ciências Agrícolas, Bangalore.

Selvaraj an, S., 1989, Overview of the irrigation water resource development in Tamil Nadu during various plan periods. *Agricultural Situation in India,* **43** (10): 837-843.

Sethu, C., Balaraman, S.N. e Gnanandapani, 1989, Water resource management in Tamil Nadu, *Indian Journal of Agricultural Economics,* **44** (3): 307-308.

Sharma, V.P., Joshi, P.K. e Singh, O.P., 1993, Ground water dynamics in Haryana: Determinantes e consequências. Documento apresentado no workshop sobre "Water management -India's ground water challenges" organizado no Vikram Sarabhi Center for Development Interaction, Ahmedabad, 14-16 de dezembro de 1993.

Shashi Kolavalli e Atheeq, L.K., 1993, Access to groundwater, A Hard rock perspective, Report (Draft), Indian Institute of Management and CMA, Ahmedabad.

Shivakumaraswamy, B. e Chandrakanth, M.G., 1997, Well interference and aftermath; an economic analysis of well irrigation in hard rock areas of Karnataka. *Artha Vijnana,* **39** (3): 341-359.

Shrinivasan, M., 1957, Pattern of employment of hired labour in Agriculture in certain villages of Coimbatore taluk of Madras state. *Indian Journal of Agricultural Economics,* **12** (2): 97-108.

Singh, Baldev, 1992, Ground water resources and agricultural developmental strategy; Punjab experience. *Indian Journal of Agricultural Economics,* **3** (1): 121-129.

Subramanyam, K. V., 1986. Cultivo rentável de cal em Andhra Pradesh. *Indian Horticulture,* 31 (1): 5-6

Sushma Adya, 1998, Scarcity of groundwater for irrigation: Economics of coping mechanisms in hard rock area (não publicado), Tese de Mestrado, Universidade de Ciências Agrícolas, Bangalore.

Umesh Chamder, T.S., 1980, estudo sobre irrigação por gotejamento para uvas sob condições agro-climáticas de Dharwad. Tese de Mestrado (não publicada), Universidade de Ciências Agrícolas, Bangalore.

Wills, I.R., 1971, Green revolution and agricultural employment and income in Western Uttar Pradesh, *Economic and Political Weekly,* **6:** 13.

Printed by Books on Demand GmbH, Norderstedt / Germany